国家自然科学基金重点项目（No.U1909216）
和国家自然科学基金面上项目（No.52176048，No.51876194）资助

Application and Analysis on
Flow Characteristics in
Equipments of
Coal Gasification
Black Water System

# 煤气化黑水处理系统设备
# 流动特性分析及应用

金浩哲　偶国富　王　超　著

U0270893

化学工业出版社

·北京·

## 内容简介

本书介绍了煤炭的产业现状与发展、煤气化技术的发展、煤气化工艺、煤气化黑水处理系统工艺流程、腐蚀失效机理、冲蚀磨损失效机理、失效预测方法、结构设计优化理念及智能监测等内容。本书对近年来有关煤气化黑水处理系统的发展做了简要的叙述，理论联系实践，重点突出工程实际应用，同时介绍了系统设计优化以及智能监测中应注意的问题，让读者能够了解煤气化黑水处理系统的工艺流程和相关设备的结构特点。

本书可供从事煤气化黑水处理系统设备设计、制造、操作、维护等相关技术人员阅读，也可作为高等院校能源动力工程、机械工程及过程装备等相关专业师生的参考书。

**图书在版编目 (CIP) 数据**

煤气化黑水处理系统设备流动特性分析及应用 / 金浩哲，偶国富，王超著. — 北京：化学工业出版社，2024.2

ISBN 978-7-122-44327-4

Ⅰ. ①煤…　Ⅱ. ①金…②偶…③王…　Ⅲ. ①煤气化-污水处理设备-研究　Ⅳ. ①TQ545

中国国家版本馆 CIP 数据核字（2023）第 197580 号

---

责任编辑：陈　喆　　　　　　　　装帧设计：刘丽华
责任校对：李　爽

---

出版发行：化学工业出版社（北京市东城区青年湖南街 13 号　邮政编码 100011）
印　　装：北京虎彩文化传播有限公司
710mm×1000mm　1/16　印张 12¾　字数 242 千字　2024 年 2 月北京第 1 版第 1 次印刷

---

购书咨询：010-64518888　　　　　售后服务：010-64518899
网　　址：http://www.cip.com.cn
凡购买本书，如有缺损质量问题，本社销售中心负责调换。

---

定　　价：128.00 元　　　　　　　　　　　　　　版权所有　违者必究

　　能源与化工是我国国民经济的支柱产业，包括电力、煤气、炼焦化学、煤制人造石油、煤制化学品以及其他煤加工制品等，近年来取得了长足的发展。煤气化技术生产合成气产品的主要途径之一，是以煤或焦炭、半焦等固体燃料为基本原料，在高温常压或加压条件下与气化剂反应，生产出工业窑炉用气、城市煤气等燃料煤气（含有 CO、$H_2$、$CH_4$ 等）以及作为合成氨、合成甲醇和合成液体燃料的原料的合成气，是清洁利用煤炭资源的重要途径和手段。

　　煤气化技术因产生大量固体颗粒物，与其他能源化工技术相比有明显区别。无论固定床气化技术、流化床气化技术或气流床气化技术，都需要面对气化炉废渣、合成气飞灰等固体颗粒物的有效安全处理。水冷却及洗涤工艺是常用的净化除渣技术之一，但因此产生的大量黑水亦需要处理并循环利用。黑水处理系统的稳定安全运行是煤气化工艺实现长周期运行的重要制约之一。深入研究黑水系统的损伤与失效机理，加强黑水系统的抗磨蚀-腐蚀失效设计，并将失效预测模型、大数据与工艺原理结合，可以实现全系统的动态优化控制，从而大幅降低黑水系统故障率，提高装置运行率，创造良好的经济效益。

　　本书在编写过程中，收集了大量的资料，结合煤炭产业和煤气化工艺技术的发展现状，以及煤气化黑水系统的生产流程及其应用的基本知识，重点介绍了黑水系统的失效机理、失效预测模型、黑水阀内流场特性、闪蒸缓冲罐以及黑水管道的失效预测方法、黑水系统内关键设备的结构优化以及黑水系统智能监测系统等内容。本书对近年来有关煤化工行业以及煤气化技术的新发展做了简要的叙述，注意理论联系实践，特别强调在工程实践中的应用，重点说明了煤气化黑水系统的基本流程以及关键设备在结构设计中应注意的问题；同时介绍了煤气化黑水系统的智能监测系统，以了解大数据与工艺原理结合实现动态优化控制的信息化特点。

　　本书由金浩哲、偶国富和王超编著，全书由金浩哲统稿。由于编著者的水平有限，书中不足之处在所难免，欢迎读者批评指正。

　　为了方便读者阅读参考，本书中插图经汇总整理制作成二维码放于封底，感兴趣的读者可扫码查看。

编著者

# 目 录

# 第 **1** 章
## 气化工艺及黑水处理系统

## 1.1 我国煤炭产业现状与发展

### 1.1.1 煤炭储量以及分布现状

煤炭作为一种不可再生的化石资源，在地球上的储量最为丰富且分布广泛。它不仅是目前最廉价的能源来源之一，还扮演着重要的化工原料角色。尤其在我国，煤炭在能源领域的应用尤为广泛，主要电力供应依赖于燃烧煤炭的火电系统。图 1-1 的数据表明，目前我国的电力发电总量中尚有 66% 来自煤炭。

在全球煤炭分布中，绝大部分的煤炭储量资源分布在北半球。这些地区主要集中在北纬 30°~70° 之间的陆地，包括俄罗斯东部的西伯利亚地区，美国东部、中部和北部地区，以及中国的中部和西北部等地。此外，澳大利亚、印度、德国和南非等国也拥有相当数量的煤炭储量。根据已探明的数据，全球煤炭储量是石油储量的 63 倍以上。

这些拥有丰富煤炭储量的国家同时也是煤炭的主要生产国。上述提到的几个地区的煤炭产量占据了全球煤炭总产量的 90% 以上。图 1-2 展示了 2021 年全球十大煤炭生产国的产量占比情况。

我国是全球煤炭产量的主要贡献者，图中清晰地显示出我国煤炭产量占据了世界煤炭产量的一半以上。这一数据凸显了煤炭在我国能源供应中的重要性，以及其在支撑我国经济发展和社会稳定方面的不可或缺的地位。然而，随着全球对环境问题的关注不断增强，我国也面临着在煤炭利用方面进行高效清洁化的迫切需求。在能源转型和可持续发展的大背景下，煤炭产业需要加快转型升级，实现高效清洁利用将是我国能源产业未来发展和研究的重要方向之一，也是实现我国

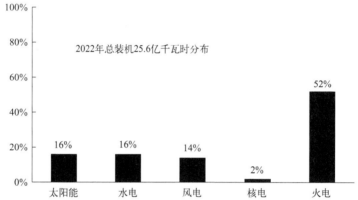

**图 1-1　2022 年我国各类电力来源装机与发电总量**

碳达峰、碳中和目标的关键途径之一。高效清洁利用煤炭不仅可以减少环境污染和碳排放，还能提高能源利用效率，降低能源成本，推动经济可持续发展。因此，我国在能源产业的未来发展中，应将高效清洁利用煤炭作为重要的研究和发展方向，加大政策支持和投资力度，促进清洁煤技术的创新和应用。

截至 2021 年底，我国已探明煤炭资源储量约为 2078.85 亿吨，煤层气储量约为 5440.62 亿立方米。这些丰富的煤炭资源主要分布在我国中西部地区，包括山西、陕西、新疆、内蒙古以及西南贵州等地。这些地区以其丰富的煤炭资源储量成为我国煤炭产业与能源产业的重要支柱。图 1-3 清晰地显示出，2022 年我国各省（区）的原煤产量分布情况，山西、陕西和内蒙古等地区的煤炭储量占据了总储量的 70% 左右。

随着地质勘探技术的不断发展，我们有望进一步发现埋藏在地下更深处的煤炭，进一步增加可利用的资源量，这将为我国的能源供应提供持续的支持，并为国家经济发展奠定坚实基础。随着煤炭开采技术和地下气化技术的不断创新和突

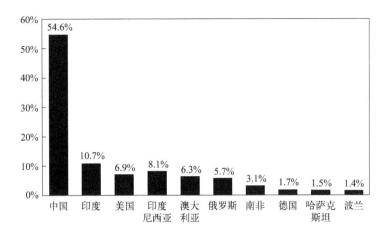

**图 1-2** 2021 年全球十大煤炭生产国产量对比

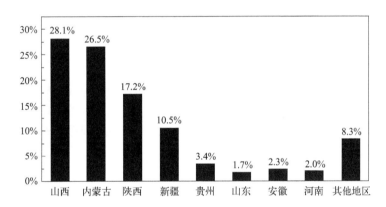

**图 1-3** 2022 年我国各省（区）原煤产量分布

破，我国将能更加高效地开采和利用这些煤炭资源。同时，加强煤炭资源开发与利用的研究，提高煤炭开采和利用的效率，可以为我国经济的可持续发展和能源安全做出重要贡献。

我国化石能源资源储备的基本特点是煤炭富裕、石油贫乏、天然气稀缺。相对于石油和天然气而言，我国的石油和天然气储量远低于国际平均水平，而煤炭储量总量相对较多，但人均占有量仍低于国际平均水平。然而，我国丰富的煤炭资源中，实际易开采和利用的储量与国际相比更少，且地理分布上极不均衡。总体而言，我国煤炭储量和可利用资源呈现北多南少、西多东少的特点，与消费区域的分布极不协调。不同地区的煤种和质量存在较大差异，这给煤炭的加工利用带来相当大的困难。首先，煤炭能源结构的地理位置分布不均，需要进行能源输送以满足不同地区的需求。尤其是我国东部工业发达地区对能源的需求远远超过西部地区，而东部的煤炭能源储量又远远低于西部和北部。其次，由于煤种的差异，使得不同煤炭对加工利用设备的要求也不同，在工程实践中常常出现相同设备在不同生产单位展现出不同的利用效率或有些生产单位面临经常性设备损坏问题，因此需要对煤炭加工利用的设备进行深入研究和专门的调试。

为了克服这些困难，我国需要在煤炭资源的开发利用上进行更深入的研究和技术调整。通过技术创新和设备的定制化，以更好地适应不同地区煤炭资源的特点和需求。此外，还应加强地区间的能源输送和协作，以实现能源的平衡供应，促进各地区经济的可持续发展。

## 1.1.2　我国煤炭的分类及其指标

在我国的工业生产中，煤炭不仅是重要的能源供应者，为工业生产提供热能和电能，还是重要的化工原料提供者，为化工生产提供各类基本有机物和氢气。我国的煤炭分布广泛，种类繁多，不同的煤炭具有不同的组分和物理化学性质，并且有着不同的用途。

对于以煤炭为燃料或工业原料的工业生产单位而言，对原料煤炭的成分和性质有着特定的要求，以确保能充分发挥相关生产设备的效率并保证设备的安全和产品的质量。因此，需要对煤炭进行合理分类，以便在煤炭的生产、销售和使用过程中能够准确无误地进行交流和选择，并根据煤炭的类别指导选择相应的生产工艺和操作条件。

煤炭分类的一般指导原则是基于煤炭的生成、组成、结构以及重要的工艺性质等特点，以科学合理地满足工业生产对煤炭需求的目标。科学合理的煤炭分类方法不仅在煤炭资源勘查阶段用于划分储量资源的煤炭种类，还可以在煤炭开发阶段对工艺路线和设备的选择提供指导。换言之，科学理想的煤炭分类方法应该基于煤炭的组成和性质，同时结合能源、冶金、化工等行业中煤炭的实际应用情况。在实际应用中确定煤炭的种类时，需要全面综合考虑各个方面的因素。

在全球范围内，许多煤炭生产国都采用自己的分类方法，并且有些国家还制定了煤炭分类的国家标准。为了促进煤炭行业的国际技术交流和商业贸易，联合国欧洲经济委员会曾制定了所谓的"国际分类"方法，然而，由于各国自然资源的差异，"国际分类"无法完全涵盖每个国家的煤炭类别，也无法取代一些国家自身的煤炭分类方法。

不同国家的煤炭资源存在着差异，包括煤种、煤质等方面的特点，因此，各国根据自身资源特点和需求，制定适合本国情况的煤炭分类方法。这些方法可以更准确地描述煤炭的特性，有助于指导煤炭的开采、利用和贸易活动。尽管"国际分类"标准的制定旨在统一煤炭的分类体系，但考虑到国家间的自然资源差异，以及本国煤炭分类方法在实际应用中的可行性和有效性，各国仍然坚持使用自己的煤炭分类方法。因此，国际煤炭贸易中的煤炭分类存在一定的多样性和差异性，在进行国际煤炭交易时，双方应当相互了解和遵守对方国家的煤炭分类标准和规范，以确保交易的准确性和合规性。同时，促进国与国间的煤炭技术交流和合作，有助于推动煤炭行业的发展和创新，实现资源的合理配置和利用。通过共同努力，我们可以进一步完善国际煤炭分类标准，促进全球煤炭产业的可持续发展和合作共赢。

当前，全球煤炭行业采用的煤炭分类体系包括国际标准 ISO 11760（2005）、美国 ASTM 标准（2004）、中国 GB/T 5751 标准、俄罗斯 ГОЗТ 25543—88（1991）标准以及澳大利亚 AS 标准（1994）等多种标准。

这些国际煤炭分类标准在全球范围内被广泛应用，旨在为煤炭的分类和命名提供统一的基准，以促进国际贸易和技术交流。ISO 11760（2005）标准是国际标准化组织制定的煤炭分类标准，被广泛认可并在许多国家和地区使用。美国 ASTM 标准（2004）则是美国材料与试验协会制定的，对于煤炭的特性和质量进行了详细的描述和分类。中国的 GB/T 5751 标准是我国自主制定的煤炭分类标准，针对国内煤炭资源特点和需求进行了相应的调整。俄罗斯 ГОЗТ 25543—88（1991）标准和澳大利亚 AS 标准（1994）也分别适用于俄罗斯和澳大利亚的煤炭分类。

这些国际煤炭分类标准的制定和应用，有助于促进煤炭市场的规范化和国际贸易的顺畅进行。通过统一的分类体系，各国煤炭生产商和消费商能够更加准确地理解和交流煤炭的特性和品质。同时，这也为国与国间的煤炭贸易提供了基础，为合作和合同的签订提供了依据。

我国拥有丰富的煤炭储量，煤炭资源种类多样，各类煤种繁多，因此，对煤炭按照标准进行分类具有重要意义。煤炭分类的重要性不仅体现在煤炭资源品种的齐全上，也体现在对不同煤炭种类的认知上。不同煤种具有不同的燃烧特性、化学成分和物理性质，因此对其进行分类可以指导我们在工业生产中的选择和应用。对煤炭进行科学合理的分类，有助于优化能源结构，提高能源利用效率，减少环境污染和碳排放。

现行的《中国煤炭分类标准》（GB/T 5751—2009）依据表征煤炭煤化程度的参数如干燥无灰基挥发分（$V_{daf}$）、干燥无灰基氢元素含量（$H_{daf}$）、恒湿无灰基高位发热量（$Q_{gr,maf}$，MJ/kg）、煤的最高内在水分（$M_{HC}$）和低煤阶煤透光率（$P_M$），以及表征煤炭工艺性能的参数如烟煤的黏结指数（$G_{R.I.}$ 或 $G$）、烟煤的胶质层最大厚度（$Y$，mm）和烟煤的奥亚膨胀度（$b$）等分类指标进行划分。先按照干燥无灰基挥发分数值，把煤炭分为无烟煤、烟煤和褐煤三大类；再根据干燥无灰基挥发分和烟煤的黏结指数等其他指标，把烟煤分为贫煤、贫瘦煤、瘦煤、焦煤、肥煤、1/3焦煤、气肥煤、气煤、1/2中黏结煤、弱黏结煤、不黏结煤和长焰煤等。各分类指标的测试和含义如下。

**（1）干燥无灰基挥发分（$V_{daf}$）**

干燥无灰基挥发分，也称为无水无灰基挥发分，是一种以质量分数表示的指标。为了测定煤样的干燥无灰基挥发分，需要按照 GB/T 212 规定的严格条件进行操作，确保每个测试环节都与空气隔绝，并且对测试用瓷坩埚的质量也有相应的规定。完成测试后，还需要对煤中所含的水分进行折算校正，从而得出所需的干燥无灰基挥发分值。

干燥无灰基挥发分是用来表示煤的变质程度的重要指标。一般而言，随着煤的变质程度加深，干燥无灰基挥发分逐渐降低。因此，根据煤的干燥无灰基挥发分产率，我们可以估计煤的来源和种类。

在我国、俄罗斯、美国、法国、波兰以及国际煤炭分类方案中，干燥无灰基挥发分都被作为第一分类指标。通过对煤样中的干燥无灰基挥发分进行准确测定和分析，我们可以更好地了解煤炭的品质和特性，为煤炭的选择、利用和市场交易提供科学依据。

**（2）干燥无灰基氢元素含量（$H_{daf}$）**

干燥无灰基氢元素含量，也被称为无水无灰基氢元素含量，采用质量分数表示，并按照 GB/T 476 规定进行测定。煤中氢元素的含量随着煤的变质程度而变化，随着煤变质程度的提高，煤中氢元素的质量分数逐渐降低。因此，测定煤中氢元素质量分数的变化，对于了解煤的变质程度具有重要意义。

在我国的煤炭分类标准中，干燥无灰基氢元素含量被用作划分无烟煤细分类的指标。根据干燥无灰基氢元素含量和干燥无灰基挥发分含量，将无烟煤划分为一号至三号无烟煤。这种分类方式有助于区分不同类型的无烟煤，并提供了关于煤炭变质程度的重要信息。

**（3）低煤阶煤透光率（$P_M$）**

透光率是一种常用于细分低煤化程度的煤种（如褐煤、长焰煤和不黏结煤）的指标，在测定时需要按照 GB/T 2566 规定的方法进行操作。

测定透光率时，首先将煤样与磷酸和稀硝酸在标准给定温度下混合配制成一定比例的水溶液进行处理；然后，使用光学方法测量处理后的有色溶液中特定波长的光通过溶液的百分比，即为所需测定的透光率值。通常情况下，煤化程度越高，透光率越高。

在我国煤炭分类国家标准中，透光率被用作划分褐煤、长焰煤以及褐煤的细分类的主要指标。同时，透光率也能有效区分不黏结煤和弱黏结煤。对于低煤化度煤（浮选降低灰分无水无灰基挥发分 $V_{daf} > 37\%$），若其黏结指数 $G \leqslant 5$，根据透光率的结果来确定其为褐煤或长焰煤。透光率大于 50% 则划分为长焰煤，透光率小于等于 30% 则划分为褐煤。当透光率介于 30%～50% 之间时，再根据煤的"恒湿无灰基高位发热量（$Q_{gr,maf}$）"来进一步区分，其中 $Q_{gr,maf} \leqslant$ 24.0MJ/kg 划分为褐煤，$Q_{gr,maf} >$ 24.0MJ/kg 划分为长焰煤。

（4）恒湿无灰基高位发热量（$Q_{gr,maf}$）

恒湿无灰基高位发热量是指根据 GB/T 213 规定，在恒湿条件下测得的煤的恒温高位发热量，再通过除去灰分的影响，得出的最终发热量值（以 MJ/kg 表示）。恒湿无灰基高位发热量在低煤化度煤的分类中扮演重要角色，用于辅助划分长焰煤和褐煤。

恒湿条件是指煤在特定温度（30℃）和相对湿度（96%）下煤的最高内在水分（$M_{HC}$）条件。具体而言，煤样在这样的条件下充分吸收水分并达到吸湿平衡，然后去除煤样表面以外的水分。另一种方法是在测定过程中，当煤的毛细孔吸收水分达到饱和状态时所吸收的水分量。煤的最高内在水分的高低主要取决于煤的煤化程度。因此，为了辅助判定煤的分类（是褐煤还是长焰煤），有时可以通过测定辅助指标 $M_{HC}$ 来确定恒湿无灰基高位发热量的值。

（5）**烟煤的黏结指数（$G$）**

黏结指数的测定是根据 GB/T 5477 的规定，主要用于测量烟煤，并作为烟煤分类的主要指标之一。该方法是将一定质量的待测煤样与特定比例的专用无烟煤混合搅拌，并在规定时间内进行快速加热反应。随后，将得到的焦块放入黏结指数测定仪中旋转一段时间，然后测量其黏结强度。因此，黏结指数实际上反映了待测煤样在受热后，烟煤颗粒与专用无烟煤颗粒之间或烟煤颗粒之间相互结合黏合的程度。

在中国的煤炭分类标准中，黏结指数被作为判断烟煤黏结性的主要指标，并且也是烟煤分类中的主要工艺指标。根据黏结指数数值的大小，可以确定相应的烟煤类别。通过测定黏结指数和其他相关指标，能够更准确地划分和评估不同类型的烟煤，为煤炭的选择和利用提供科学依据。

（6）**烟煤的胶质层指数（最大厚度，$Y/mm$）**

胶质层指数测定方法常常使用模拟工业焦炉焦化的整个过程进行测定。按照 GB/T 479 的规定，在一个装有煤样的胶质层测试装置中进行加热，使煤样在装置内形成一系列等温层。在一定温度下，部分煤层发生焦化，此时使用探针测量胶质层的最大厚度，该厚度（以毫米为单位，表示为 $Y$）用于表示煤的焦化性能。胶质层的最大厚度 $Y$ 直接反映了煤的胶质特性，成为评估煤焦化性能的标志。因此，$Y$ 值被列为中国烟煤分类的一个重要指标。当黏结指数 $G > 85$ 时，可以通过挥发分值和 $Y$ 值来确定烟煤的细分种类。

（7）**烟煤的奥亚膨胀度（$b$）**

奥亚膨胀度是一种用于区分强黏结煤的辅助指标，对于指导炼焦配煤具有重要意义，类似于烟煤的胶质层指数。根据 GB/T 5450 标准的规定，将煤样放入特定装置中进行加热，当煤样达到一定温度后，开始分解并释放部分挥发分，随后胶质体开始软化并析出。随着胶质体的不断析出，煤样开始收缩。在收缩过程结束后，随着温度的进一步升高，塑性体反而开始膨胀。当温度达到煤样的固化点时，塑性体固化形成半焦。奥亚膨胀度的测定过程中可以得到煤样的膨胀度（以百分比表示为 $b/\%$）和最大收缩度（以百分比表示为 $a/\%$）。在我国的煤炭分类国家标准中，烟煤的奥亚膨胀计试验的膨胀度（$b$ 值）一般用来作为区分肥煤和其他煤类的重要指标之一。这一指标的应用，对于精确分类烟煤和炼焦配煤工艺具有重要意义。

以上所述的几类指标中，前四类主要用于衡量煤的煤化程度，而后三类则涉及烟煤的工艺性能。通过应用煤化程度指标，我们能将煤分为无烟煤、烟煤和褐煤三大类。在此过程中，干燥无灰基挥发分起着重要的分类作用，并辅以透光率来划分褐煤和烟煤。而烟煤的分类则需要综合考虑煤化程度指标和烟煤的工艺性能指标。

煤的分类主要目的是确定煤的合适用途，或者确定特定煤种的加工利用工艺条件，以促进煤的高效利用、保障设备安全等。在工业应用中，无烟煤因其烟气产量较低，对环境空气的污染也较少，主要用于制造煤气或直接作为燃料使用。烟煤则需要进行处理或在燃烧后对烟气进行处理后才能使用，广泛应用于炼焦、配煤、动力锅炉和煤气化等行业。褐煤中含有较高的挥发分，通常应用于煤气化、煤液化工业和动力锅炉等领域。

在煤气化工艺中，煤的各类指标不仅会影响工艺选择和产品特性，还会对后续的废水处理工艺参数的选择产生影响。然而，目前针对不同煤种对工艺选择的影响方面的研究仍然不够充分，因此，进一步研究不同煤种对工艺选择的影响，将对煤气化工艺的优化和黑水处理工艺的改进具有重要意义。

## 1.1.3　我国煤炭产业的发展状况

尽管我国正在大力推动风电、水电和太阳能等绿色能源的发展，但考虑到我国实际能源供给情况，煤炭仍然是我国主要的能源来源之一。

然而，我国化石能源资源的地理分布不均衡是一个现实的挑战。北部地区的化石能源储量多于南部地区，而西部地区多于东部地区。与此同时，我国的工业和生活能源需求主要集中在东部和南部地区。这导致了我国煤炭资源的分布与消费区域极不协调。同时不同地区的煤炭品种和质量差异很大，这种情况使得各地的煤炭能源利用面临着不同的工艺路线和技术需求，无法实现统一协调的煤炭能源发展利用。

调查结果显示，欧美国家的能源消费主要以石油为主，煤炭和天然气为辅助能源，水电和核能作为补充。与之相比，我国的一次能源消费主要依赖煤炭，与欧美国家存在明显差异。我国的一次能源结构也被描述为"富煤、贫油、少气"，这导致我国的能源结构不够合理，过度依赖煤炭能源，在能源利用过程中带来了大量的碳排放和其他环境污染物。根据统计数据，2021年我国煤炭消费占据了能源消费总量的56%。尽管近年来煤炭在能源利用中所占比重有所下降，但仍然超过了半数的比例。煤炭的供应和需求对于我国能源的战略安全至关重要，即使在实现"双碳"目标的压力下，煤炭在未来相当长的时间里仍将是我国能源消费的主要来源。同时，我国对煤炭的能源消耗对环境、生态和经济发展产生了一定的制约。为了实现"双碳"目标，促进煤炭消费转型升级，以及大力推动煤炭的清洁利用至关重要。

努力实现2030年前碳达峰和2060年前碳中和的目标，已经成为我国重大的国家战略。数据显示，我国温室气体排放的70%来自能源活动，其中煤炭消费所产生的温室气体排放又占据能源活动排放总量的70%。如果只考虑与碳达峰相对应的二氧化碳直接排放量，那么煤炭消费的二氧化碳排放量占全国排放总量的50%。因此，实现煤炭消费的碳达峰，是我国碳达峰目标的关键。为了实现"双碳"目标和生态建设目标，我国倡导能源改革模式，提出减少对煤炭能源的依赖，增加清洁能源的使用。然而，由于新能源系统调节能力和支撑能力无法满足我国复杂的用电需求，缺乏必要的系统平衡性，因此，作为能源供应的"压舱石"，煤炭能源仍然扮演着重要的角色。煤炭在未来仍将是我国主要的能源来源，其需求量将继续占据重要地位。尽管煤炭消费在目前的经济发展中所占比重有所下降，但考虑到我国的能源储备和使用情况，煤炭作为主要能源供应的地位长期不会改变。预计在2030年之前，煤电装机容量仍将适度增长，以确保我国基础能源的供应。

在实现"双碳"目标的背景下，积极推动煤炭供给侧结构性改革和煤炭消费的转型升级，加速煤炭能源向清洁低碳转型是其关键所在。作为实现"双碳"目标的保障之一，煤气化技术被视为一种煤炭清洁利用技术。

## 1.1.4 我国煤炭能源发展问题与趋势

在煤炭资源开采方面，当前许多煤炭生产企业普遍存在资源回收率低和盲目超集约开采等问题。煤炭的开采活动也引发了严重的环境污染，经过多年的大规模开发，我国煤炭资源面临着日益严重的矿区污染问题。

对于煤炭产品的转型和创新，我国仍面临着重要的发展机遇和挑战。当前，大部分煤炭企业在转型方面的意识相对薄弱，尤其是在煤炭市场回暖的背景下，不能充分重视资源的综合利用，导致新产品开发相对滞后。此外，煤炭产业结构不合理也是制约企业发展的关键因素，实施产品结构转型升级对于煤炭企业而言是维持其生存与发展的必要条件。同时，部分地区煤炭企业的开采技术相对滞后，非法开采现象时有发生。这些问题造成了煤炭资源的巨大浪费和生态环境的严重破坏，严重影响了煤炭企业的长远发展，并间接导致产业结构的滞后。因此，各级煤炭管理机构和企业需密切关注煤炭市场动态，严格控制产量，使煤炭供给与市场需求相匹配，避免产能过剩的局面。同时，应进行统筹规划，减少煤炭及土地资源的浪费，推动开采后的复垦工作，积极恢复矿区的生态环境，以促进煤炭产业的持续健康发展。从产品创新和政策角度来看，煤炭企业需要充分利用自身拥有的各项资源，引进人才，采用新的技术手段降低成本，改变目前煤炭产业的落后状态，优化煤炭产品结构，增强抗风险能力。只有这样，企业才能跟上时代潮流，为其长期发展赢得优势地位。同时，政府应加大政策支持力度，推动煤炭企业转型升级，鼓励创新技术应用和绿色发展，推动煤炭产业朝着清洁、低碳和可持续发展的方向转型，以实现经济、社会和环境的协调发展。

在未来相当长的时间里，我国仍将以煤炭为主要能源。然而，传统的超能力开采和低效率利用的生产模式已经导致了严重的煤炭资源浪费和生态环境破坏。如果继续坚持这种模式，将难以满足我国经济社会持续高速发展的需求。因此，推动煤炭工业走向可持续发展道路具有重要意义。在煤炭产业的发展中，深化国有企业改革、优化煤炭供给结构、推动煤炭产业转型升级以及坚持绿色发展之路都是至关重要的方向。为实现煤炭产业的转型和升级，需要加强技术创新，提高煤炭开采的效率和质量。同时，应推动煤炭清洁利用技术的研发和应用，减少对环境的污染和碳排放。此外，国家应加大政策支持力度，鼓励企业加强环境管理，落实环境保护责任，推动煤炭产业的绿色发展。同时，加强政府的监管力度，严厉打击非法开采和环境违法行为，确保煤炭资源的合理开发和利用。

在未来的数十年里，煤炭还将继续扮演支撑国家经济快速发展的关键能源角色。在中国的经济社会发展中，煤炭产业将持续占据主导地位，并作为重要的能源支柱为各行各业提供源源不断的产能支持。随着全球对环境保护和气候变化的关注不断增加，煤炭产业也面临转型的压力和机遇。在实现可持续发展的背景下，煤炭消费将逐渐朝着更加清洁和高效的方向发展。这意味着煤炭的利用将更加注重降低碳排放、减少环境污染，并促进煤炭在其他领域的应用，如化工、材料等。在能源结构转型的过程中，我国应积极探索和推动煤炭产业的创新发展，加大技术研发和应用力度，提高煤炭资源的利用效率和清洁利用水平。同时，要加强环境保护和生态修复工作，确保煤炭开采和利用过程的可持续性，最大限度减少对生态环境的影响。

借助现代煤化工产业的发展，我们能够充分发挥煤炭作为一种有机物的特性。煤炭富含有机物，通过高效、清洁的转化过程，可以生产出清洁的特种油品和高端化工品，实现煤炭资源的最大化利用。这一发展方向对于推动煤炭产业的转型升级具有重要意义，同时也有助于提高能源利用效率和减少环境污染。通过煤炭的高效转化，我们可以将其潜力转化为可持续发展的动力，为煤炭行业注入新的活力。随着技术的不断进步和创新，我们有望开拓出更多的煤炭的高附加值利用途径，推动煤炭产业向更加绿色、清洁和可持续的方向发展。

推动现代煤化工的发展是我国能源发展战略的关键要素之一，旨在充分利用煤炭资源的相对优势，确保国家能源安全。发展现代煤化工不仅是必要的措施，也是解决石油和天然气供需矛盾的现实途径。通过煤炭的高效转化和利用，我们能够提供多样化的能源选择，减轻对其他非可再生能源的依赖，并满足国家经济发展和人民生活对能源的需求。现代煤化工技术的推广应用有助于促进能源结构优化，实现能源供给的多元化，同时减少对进口能源的依赖，提升国家能源自给能力。通过煤炭资源的高效转化，我们可以推动能源产业的升级转型，促进绿色低碳发展，为实现可持续发展目标作出积极贡献。

## 1.2 煤气化技术的发展

煤气化技术是一种高效清洁利用煤炭的技术，通过对煤或煤焦等原料进行预处理后，将其放入气化炉或其他反应容器中。在适当的温度和压力环境下，利用氧化剂如空气或氧气等作用，并借助移动床、携带床或流化床等专业设备的流动方式，进行一系列化学反应，将煤或煤焦中的可燃部分转化为气体燃料。主要目标是生成一氧化碳等气体，从而获得初步的水煤气产品。随后，通过脱硫、脱碳等精细处理手段，进一步提炼纯净的一氧化碳精制合成气产品。合成气可以用于生产各种化工原料或液体燃料。煤气化反应在高温高压条件下进行，不会产生焦油、酚水、萘等副产物，具有高碳转化率和环保优势。通过煤气化技术，我们能够实现对煤炭资源的有效利用，减少对传统燃煤方式的依赖，降低碳排放和污染物排放，同时为化工和能源领域提供了多样化的可持续发展路径。煤气化技术的发展将进一步推动煤炭产业的转型升级，促进清洁能源的发展和环境保护，为构建绿色低碳的能源体系贡献力量。

### 1.2.1 早期煤气化技术的发展

煤气化技术的起源可以追溯到 1780 年，国外早期的煤气化技术主要用于生产燃料气。最早发展的煤气化技术之一是移动床气化，它以块煤为原料，利用空气和水蒸气作为气化剂，在固态床上进行反应，并产生炉煤气。1880 年，德国设计了世界上第一台常压移动床空气间歇气化炉，后来被美国气体公司改进为 UGI 炉。UGI 炉以焦炭为原料，采用间歇气化的方式生产水煤气或半水煤气。这些早期煤气化技术的发展为后来的煤气化工艺奠定了基础，推动了煤炭资源的高效利用和煤化工产业的发展。

随着时间的推移，煤气化技术得到了不断改进和完善，为国际上煤炭能源的清洁转化提供更多选择和可能性。第一次世界大战后，随着甲醇、合成氨、F-T 合成等为代表的合成化学工业的发展，为了满足合成原料气的需要，1926 年，第一代流化床 Winkler 气化炉实现工业化应用。随着工业制氧技术的成功，又发展了新的用氧气气化的技术。1939 年，移动床加压气化 Lurgi 炉实现工业化应用。1952 年，第一代气流床气化 K-T 炉实现工业化应用。20 世纪 30～50 年代，国外煤气化技术取得了很大的成就，然而 20 世纪 50 年代以后，随着石油和天然气资源的大力开采及石油和天然气工业的发展，石油化工替代了煤化工原料制备，常压固定床气化炉在国外逐渐被淘汰，其他煤气化技术的发展也基本处于停滞状态。

现代煤气化技术的进一步发展得益于石油危机的冲击。在第一次石油危机期间，由于对石油和天然气供应前景的悲观预测，发达国家将煤气化技术作为替代石油和天然气的重要手段，加速了现代煤气化技术的研发和应用。从 20 世纪 70 年代开始，一系列气化炉型涌现出来，包括加压固定床液态排渣气化炉（如 BGL 炉）、加压流化床气化炉（如 HTW 炉、U-Gas 炉、KBR 炉、CFB 气化炉和恩德炉等）、加压粉煤水煤浆气化炉（如 GE 炉、Destec 炉）、干煤粉加压气化炉（如 Shell 炉、Prenflo 炉和 GSP 炉）。这些气化炉型的发展成为现代煤化工产业的主要选择，为煤炭资源的高效清洁利用提供了更多的可能性。

我国煤气化技术的起步相对较晚，最早在 20 世纪 30～40 年代，大连和南京使用 UGI 炉生产合成氨，而从 20 世纪 50 年代末期开始改用无烟煤作为原料。目前，我国仍有许多合成氨和合成甲醇厂使用焦炭或无烟煤，并采用 UGI 炉进行合成气的生产。早期我国煤气化技术的开发主要依靠模仿创新、技术引进、消化吸收再创新等方式进行，随着时间的推移，我国在煤气化技术领域也逐渐取得了自主创新和突破，不断提升技术水平和应用能力。

20 世纪 60 年代，中国开始进行 K-T 式粉煤气化的试验，并在 20 世纪 70 年代初在新疆建成了一套 K-T 式粉煤气化制氨装置。该装置采用了四个气化炉和一个备用炉，然而，由于耐火材料腐蚀、碳转化率低以及排渣困难等问题的出现，该装置后来改用重油进行燃烧，并且在此后的发展中没有取得新的进展。

随后，在 1978 年的第一次全国科学大会上，提出了中国要进行新型气化炉或煤气化方法的研究。为此，相继开展了固定床加压碎煤气化（类似于 Lurgi

炉）、水煤浆加压气化（类似于 GE 炉）和灰团聚流化床气化（类似于 U-Gas 气化）等研究。在"九五"和"十五"期间，国家组织了多喷嘴水煤浆加压气化和二段式干煤粉加压技术攻关。目前，这几种气化技术已经发展出多种形式的中国自主知识产权煤气化技术，并且已经进入了工业化应用阶段。这些技术的发展为我国煤炭资源的高效清洁利用提供了重要的技术支持，为煤气化领域的进一步发展奠定了坚实基础。

## 1.2.2 现代煤气化技术发展

由于我国能源结构的特点，现代煤气化技术的发展主力已经转移到国内。目前，中国在煤气化技术领域取得了显著进展。作为主力炉型，移动床常压气化 UGI 气化炉被广泛应用于合成气和燃料气的生产。此外，移动床加压气化 Lurgi 炉在低质煤气化方面具有一定的市场份额。随着中国现代煤化工的快速发展，水煤浆加压气化（如 GE 炉、多喷嘴炉）和干煤粉加压气化（如 Shell 炉、GSP 炉、二段炉、航天炉）已成为主要选择。这些技术的引入、应用和进一步发展，不仅提高了煤炭资源的利用效率，也为实现煤炭清洁转化和可持续发展奠定了坚实基础。中国在煤气化技术领域的成就得益于持续的研发投入和创新努力，为推动煤炭产业的转型升级和能源结构的优化提供了重要支持。

煤气化技术种类繁多，经过多年的发展和创新，不断迈入新的阶段。煤气化技术的快速进步对于我国实现煤炭资源的能源化和原料化的快速传输和高效利用具有重要意义。首先是煤气化技术向高效化和清洁化发展，致力于提高煤气化过程的能源利用效率和产物清洁度，减少环境污染和碳排放。其次是煤气化技术向集成化和系统化发展，通过整合不同领域的技术和设备，构建高效的煤气化系统，实现能源的综合利用和优化配置。另外，煤气化技术还向智能化和自动化方向发展，通过引入先进的控制系统和自动化设备，提高煤气化过程的稳定性和可控性。此外，煤气化技术在碳捕集、储存和利用方面的研究也具有潜力，为实现碳中和目标和可持续发展作出贡献。随着科技的进步和创新的推动，煤气化技术将继续不断发展，为我国能源领域的可持续发展提供更多可能性。上述发展方向和目标的实现主要依赖于具体的煤气化技术。

（1）加压气化技术

通过增加气化炉的工作压力，可以有效提高气化炉的生产能力，同时减少气体净化所需的投资，并降低压缩所需耗能。通过增加气化炉内的压力，还有利于提高气化反应的速率和转化率，从而提高产气量和产物质量。同时，通过减少气体净化过程中所需的设备和能耗，加压气化技术可以降低投资和运行成本。

（2）高温气化技术

高温气化技术以高温反应为基础。高温条件下，煤料中的挥发分和可燃组分能够更充分地转化为合成气，其中的杂质和不需要的组分也会在高温下发生反应，从而降低了产物中的杂质含量。此外，高温气化还有助于减少废物产生，减轻环境污染的程度。高温气化技术能够获得更纯净的合成气，对于后续的能源利用和化学合成过程非常重要。同时，高温气化还能够降低对煤料的要求，提高煤种的适应性，从而扩大了煤气化技术的应用范围。

### （3）粉煤气化技术

采用粉煤作为气化原料，粉煤气化技术通过将煤炭粉碎成细小的颗粒，使其比表面积增大，增加了煤料与气化剂之间的接触面积，从而促进了气化反应的进行，提高气化反应速率，进而提高气化炉的单炉生产能力和碳转化率。

### （4）液态排渣技术

煤气化过程中，通过高温处理，使灰渣在气化炉内达到熔融状态。由于熔融态灰渣的流动性较好，因此可以通过合理的设计和操作，实现灰渣的液态排出。液态排渣还可以更好地控制灰渣的排放，避免固态灰渣对设备和管道的堵塞和磨损问题。通过高温处理，熔融态灰渣中的有害成分大多被分解或转化，使得炉渣的无害化程度较高。炉渣中的惰性物质不会对环境和人体健康造成负面影响，因此具有较好的环境友好性。液态排渣技术的应用还可以有效减少灰渣的体积和质量，方便后续处理。由此，液态排渣提高了气化炉的稳定性和运行效率，减少设备维护和清洁的频率，降低了运行成本。

### （5）纯氧气化技术

采用纯氧气作为气化剂进行煤气化过程。该技术能够有效降低空气中的不反应气体（主要为氮气）的升温和降温所造成的热损失，并减少气化剂压缩所需的能量消耗，从而提高气化效率。纯氧气化技术同时可以提高产品气体的纯度和质量。纯氧气化还可以更好地控制气化过程中的反应条件和产物组成，使气化产物更符合工业应用的需求，使加压、高温、熔渣气化更具经济可行性。

### （6）气化炉大型化技术

随着工业的快速发展，对能源的需求也越来越大。通过将气化炉进行大型化设计和建设，能够满足工业生产对气体燃料或合成气的大量需求，提高生产能力和产出效率。大型气化炉不仅能够提供更大的产能，还能够实现更高的碳转化率和气化效率，从而提高能源利用效率。此外，气化炉的大型化还可以降低投资成本。随着气化炉规模的增大，单位产能的建设投资相对减少，从而降低了工程建设的总成本。大型化的气化炉还具有更好的自动化控制和运行稳定性，能够提高生产效率和产品质量，进一步提升项目的经济性。气化炉的大型化发展不仅有利于提高工业生产的效率和经济性，还能够减少资源消耗和环境污染。通过规模化和集约化的气化炉建设，可以更好地实现资源的有效利用和能源的清洁转化，减少对传统能源的依赖，推动可持续发展。

（7）加氢气化技术

加氢气化技术的主要特点是在气化过程中引入氢气，通过氢气与煤粉的反应，可以提高气化反应的效率和选择性。在加氢气化过程中，氢气与煤中的气化物质发生反应，产生含碳氢化合物的高质量的合成气，同时减少了一氧化碳和杂质的生成。这种技术的反应器结构和多层构件的设计，能够实现对煤粉的逐层处理和优化。通过反应器内部的温度、压力和气体流动的控制，可以使气化反应在不同层次上进行，实现煤粉的高效转化和气化产物的选择性生成。加氢气化技术的应用具有广泛的潜力。它可以有效提高煤气化过程中的煤转化率和产物质量，减少二氧化碳等有害气体的排放，并具备产生高品质合成气的能力，可用于化工原料的生产和替代传统能源的利用。

（8）催化气化技术

催化气化技术是一种基于煤气化原理的高效设计技术，它利用催化剂来改善气化反应的条件，以提高反应效率和温度控制。尽管目前该技术的应用范围相对较窄，但具有广阔的研究潜力。催化气化技术的特点在于引入碱土金属催化剂，通过催化剂的作用来调节气化反应的温度和反应效率。这种催化剂能够在较低的温度下促进气化反应的进行，从而降低能源消耗和提高产物质量。催化气化技术的研究重点在于催化剂的选择和设计，以及催化剂与煤粉之间的相互作用机制。通过合理设计催化剂的组成和结构，可以调控气化反应的温度、速率和产物分布，从而提高气化效率和选择性，减少有害物质的生成，提高气化产物的纯度和质量。

（9）熔渣气化技术

熔渣气化技术的主要特点在于利用熔融层中的高温环境，使煤粉迅速熔化，并与水蒸气和氧气发生混合反应。通过快速旋转的熔融层，实现了煤粉和气体的充分接触和混合，促进气化反应的进行。熔渣气化技术的关键在于熔融层的设计和控制。通过合理调控熔融层的温度、压力和流动性，可以实现煤粉的快速溶解和气体的均匀分布，从而提高气化效率和产物质量。熔渣气化技术在煤气化领域具有广泛的应用前景。通过高温熔融层的作用，可以有效降低气化反应的温度要求，减少能源消耗，同时提高产物的纯度和质量。此外，熔渣气化技术还能处理含有高灰分和高硫分的煤种，减少环境污染和固体废弃物的排放。

（10）地下气化技术

利用地下煤炭资源进行气化，将煤炭直接置于地下，并通过注入氧气和水蒸气等气体，使煤炭在地下发生气化反应，它可以在不进行开采和建设气化炉的情况下进行气化操作。地下气化技术的优势之一在于可以利用不适合开采的煤炭资源，避免了传统开采所带来的环境和安全问题。此外，地下气化技术还可以降低煤炭开采成本，提高煤炭资源利用率，并减少对地表土地的占用。然而，地下气化技术也存在一些挑战和问题。其中之一是采出率相对较低，即实际气化产物的收集效率较低，这对于气化过程的经济效益产生一定影响。此外，地下气化操作可能引起地下水污染的风险，因为气化过程中产生的气体和液体产物可能与地下水发生接触。

## 1.3　煤气化工艺简介

现代煤化工是指利用特定的化学加工技术，将固态的煤炭转化为气体、液体或中间产品的能源化工产业。它以煤炭为原料，通过煤气化、液化等方法生产合成天然气、合成油和化工产品等。现代煤化工涵盖了多个领域，包括煤制油、煤制天然气、低阶煤综合利用、煤制化学品以及多种产品联产等。通过煤制油技术，可以将煤炭转化为液体燃料，如合成油和柴油，以满足能源需求。煤制天然气技术则将煤炭转化为天然气，用于供暖、发电和工业用途。低阶煤分质利用是利用质量较差的煤炭资源，通过煤气化等方法，生产高附加值的产品，提高煤炭资源的综合利用效率。煤制化学品领域涉及生产各种化工产品，如合成氨、合成甲醇和合成乙烯等，为化学工业提供原料。此外，现代煤化工还致力于实现多种产品的联产，通过综合利用煤炭资源，提高资源利用效率和经济效益。

现代煤化工的发展对于促进能源结构转型和推动绿色低碳发展具有重要意义。通过煤炭的高效清洁利用，可以减少对传统化石能源的依赖，降低碳排放，保护环境。同时，现代煤化工的发展也为煤炭产业提供了转型升级的新路径，促进煤炭资源的可持续利用和煤炭产业的可持续发展。

煤气化技术作为现代新型煤化工产业的关键技术之一，在煤炭高效清洁利用中具有重要地位，是生产合成气产品的主要途径之一。通过高温氧化气化过程，煤气化技术可以将固态煤炭转化为气态的合成气，并同时产生蒸气、焦油、灰渣等副产品。因此，煤气化是现代煤化工的首要步骤，也是实现煤炭高效清洁利用的基础。通过煤气化技术，可以最大限度地利用煤炭资源，减少对环境的污染，提高能源利用效率。

现代煤化工产品的开发与能源替代和原料替代密切相关，旨在减少对进口天然气和原油的依赖，同时实现污染物和温室气体的合理排放。发达国家在石油和天然气资源方面具有优势，对于现代煤化工技术的发展重视程度不高，我国在现代煤化工领域采用了全新的工艺路线，几乎没有可借鉴的经验教训，国家和企业需要在摸索中不断前进，并灵活调整政策和预期。因此，在开展相关投资和业务时需要承担一定的风险。

经过多年的努力，我国现代煤化工技术已经取得了全面突破，关键技术水平已经处于世界领先地位。煤制油、煤制天然气、煤制烯烃和煤制乙二醇等领域基本实现了产业化,煤制芳烃工业试验也取得了较大进展。我国成功搭建起了煤炭向石油化工产业转型的桥梁,实现了煤炭资源的高效利用和可持续发展。这些成果的取得离不开国家和企业长期的投入和支持,同时也得益于技术人员的不断创新和突破。在此背景下,煤炭能源化工产业在中国的可持续能源利用中扮演着越来越重要的角色,并将成为未来20年的重要发展方向。这对于减轻中国燃煤所造成的环境污染以及降低对石油的依赖具有重大意义。中国的煤化工行业面临着新的市场需求和发展机遇。目前,中国原油开采已接近极限,但对成品油、烯烃等能源产品的需求却不断增加。在产量无法满足需求的情况下,中国只能依赖进口。

同时,我国的石油和天然气进口来源相对集中,进口通道容易受到限制。加之远洋自主运输能力和应对国际市场波动及突发事件的能力有限,我国的能源安全保障面临巨大压力。因此,将煤制天然气、煤制油、煤制烯烃、煤制乙二醇、煤制芳烃等现代煤化工领域作为我国未来的重大示范项目是必然的选择。通过推进这些领域的发展,我国能够实现对能源的自主供应,降低对进口能源的依赖,并提高国家在能源领域的安全性。这不仅对经济发展具有重要意义,也有利于推动能源结构的转型,减少环境污染,实现可持续发展的目标。

## 1.3.1  煤气化工艺的分类

煤气化工艺主要包括水煤浆气化工艺和干煤粉气化工艺两个主要类别。根据煤炭的性质和特点,选择合适的气化工艺对于确保后续工艺的顺利运行至关重要。一般情况下,如果煤质符合水煤浆技术的要求,应该优先考虑采用成熟的水煤浆气化技术,以确保工艺的可靠运行。然而,如果煤质无法满足水煤浆技术的要求,可以考虑采用干煤粉气化技术作为替代方案。通过合理选择适用的气化工艺,我们能够有效克服煤质差异对气化过程的影响,实现煤炭高效利用的目标。

煤气化工艺可以根据不同的分类标准进行区分,如压力、气化剂、气化过程供热方式等。其中,常见的分类方法是根据气化炉内煤料与气化剂的接触方式进行区分,主要包括固定床气化、流化床气化、气流床气化和熔浴床气化等几种主要工艺。以下将介绍一些主要的煤气化工艺类型。通过对煤气化工艺的分类和介绍,我们可以更好地了解各种气化工艺的特点和适用范围,为煤炭高效利用提供技术支持。

### (1)固定床气化工艺

固定床气化是指将煤料从气化炉顶部加入,并利用自身重力逐渐向下移动。在移动过程中,煤料经历了干燥层、干馏层、气化层和燃烧层。气化剂则从气化炉底部加入，与煤料逆流接触。虽然煤料在气化过程中下降速度缓慢，但相对于气体的上升速度来说，可以看作是固定不动的，因此称之为固定床气化。然而，在实际情况下，煤料以极慢的速度向下移动，更准确地称之为移动床气化。固定床气化可以分为两种常见形式：间歇式气化（UGI气化炉）和连续式气化（鲁奇Lurgi气化炉）。间歇式气化常用于以无烟煤或焦炭为原料生产合成气，以降低合成气中$CH_4$含量。国内有许多间歇式气化炉，但存在一些问题。另一方面，连续式气化炉主要用于生产城市煤气。例如，在山西潞城引进装置中，采用烟煤作为原料进行合成气生产时，使用连续式气化技术。然而，这种技术所需的初步煤气净化系统非常复杂，不是被广泛认可的首选技术。

UGI（固定床间歇式气化炉）是一种使用块状无烟煤或焦炭作为原料，以空气和水蒸气作为气化剂，在常压下生产合成原料气或燃料气的技术。该技术最早在20世纪30年代成功开发，它的投资较少，操作相对简单。然而，目前已经被认为是一种落后的技术，因为它的气化率较低，原料单一，能耗高。在间歇制气过程中，大量吹风气被排空，每吨合成氨吹风气排放量可达$5000m^3$。这些排放气体中含有CO、$CO_2$、$H_2$、$H_2S$、$SO_2$、$NO_x$和粉灰等物质。此外，煤气冷却洗涤塔排出的污水中含有焦油、酚类和氰化物，导致环境污染。因UGI气化炉非常适合无烟块煤的化工生产，因此在无烟块煤合成氨、尿素和甲醇项目中曾被大量应用，目前仍有部分UGI炉在使用。然而，随着能源政策和环境要求的不断提高，这种技术将逐步被新的煤气化技术所取代。

鲁奇（Lurgi）公司在20世纪30年代成功开发了固定床连续块煤气化技术（鲁奇气化炉）。1936年建成了第一个工业化的Lurgi气化厂。第二次世界大战期间，德国和捷克建设了两个Lurgi气化厂，战后在英国、联邦德国、澳大利亚、南非、美国等地建立了大型气化装置。例如美国的大平原煤制天然气项目采用了14台Mark-IV型Lurgi炉，气化用煤量达到426万吨/年；南非的萨索尔公司间接液化厂使用了97台不同型号的Lurgi炉，气化用煤达到3000万吨/年。此后，鲁奇气化技术在世界各国得到广泛应用。这种气化炉的压力一般在2.5～4.0MPa之间，气化反应温度为800～900℃，采用固态排渣。已经开发出了多个型号的Lurgi炉，其中MK-5型炉的内径为4.8m，投煤量在每小时7584t左右，粗煤气产量在每小时1014万立方米左右。粗煤气除了含有CO和$H_2$外，还含有高达10％～12％的$CH_4$，可用于城市煤气、人工天然气和合成气的生产。然而，该技术的缺点是气化炉结构复杂，需要设有破黏装置、煤分布器、炉箅等旋转设备，制造和维修费用较高；入炉煤必须是块煤，原料来源受限制；出炉煤气含有焦油、酚等物质，污水处理和煤气净化过程复杂，流程较长，设备繁多，炉渣含碳约5％。针对这些问题，1984年，鲁奇公司与英国煤气公司联合开发了直径为2.4m的熔渣气化炉（BGL），可以将固体燃料完全气化生产燃料气和合成气。

Lurgi 气化技术是中国最早引进和实现工业化应用的技术之一。1974 年，云南驻昆解放军化肥厂采用 Lurgi 炉生产合成氨原料气，气化炉直径为 2.72m，压力为 2.2MPa，使用褐煤作为原料。1987 年，山西化肥厂引进了 4 台直径为 3.8m 的 Mark-Ⅳ型 Lurgi 炉，操作压力为 3.1MPa，气化能力为 1650t/d，使用当地贫煤作为原料。此后，沈阳煤气厂、兰州煤气厂、哈尔滨煤气厂和义马煤气厂等厂家也采用了 Lurgi 气化技术生产城市煤气，部分厂家还联产甲醇。随着国内煤制天然气产业的兴起，Lurgi 气化技术备受青睐。中国建设和投产的各类煤制天然气项目大多采用了 Lurgi 气化技术，如新汶煤制天然气项目、新疆庆华煤制天然气项目、大唐克旗煤制天然气项目、大唐阜新煤制天然气项目等。2012 年 8 月，大唐克旗煤制天然气项目的一期工程投入试生产，气化炉压力已达到 4.0MPa。目前，中国境内运行和在建的各类 Lurgi 气化炉数量已超过 50 台，用于生产合成氨、合成甲醇、合成天然气以及合成城市煤气等。

英国煤气公司在 Lurgi 炉的基础上，于 20 世纪 80 年代开发了 Lurgi 炉液态排渣气化技术，即 BGL（British Gas-Lurgi）气化技术，并建立了工业示范试验厂。该气化技术的操作压力范围为 2.0～3.0MPa，气化温度为 1400～1600℃。20 世纪 90 年代中后期，德国东部的黑水泵煤气化厂建设了一台内径为 3.6m 的 BGL 气化炉，2001 年投产后，至今保持良好运行状态。图 1-4 显示了 Lurgi 炉和 BGL 炉的结构对比。

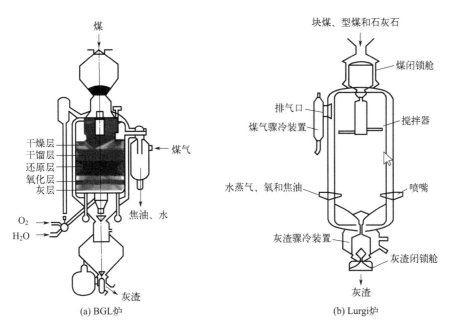

图 1-4　BGL 炉和 Lurgi 炉的结构对比

云南解化清洁能源开发有限公司（前身为驻昆解放军化肥厂）引进了 Lurgi 液态排渣（即 BGL）气化技术，并成功进行了当地褐煤的直接试烧。该示范生产线已经建成并完成了工业试验，展示了该气化技术具有较高的气化强度和较低的污染物排放。此外，国内一些煤制天然气项目也考虑采用该技术，但由于技术成熟度的限制，一些项目选择了 Lurgi 固态排渣技术或其他技术方案。

（2）流化床气化工艺

流化床气化技术包括温克勒（Winkler）、灰熔聚（U-Gas）、循环流化床（CFB）、加压流化床（PFB，是 PFBC 的气化部分）等多种形式。CFB 和 PFB 技术可以用于生产燃料气，但目前国际上尚未有生产合成气的先例。Winkler 技术已经应用于合成气生产，但对煤的颗粒度和种类要求较为严格，合成气甲烷含量较高（0.7%～2.5%），同时设备生产强度较低，不再被视为未来的发展方向。

循环流化床气化炉（CFB）是由鲁奇公司开发的，可用于气化各种煤炭，以及碎木、树皮和城市可燃垃圾等。该技术采用水蒸气和氧气作为气化剂，实现较完全的气化过程，气化强度是移动床的 2 倍，碳转化率高达 97%，底部灰渣中的含碳量为 2%～3%。在气化原料循环过程中，循环气体以 0.15MPa 的压力返回气化炉内。气化温度根据原料情况进行控制，通常控制循环旋风除尘器的温度在 800～1050℃之间。CFB 气化炉主要在常压下操作，如果以煤炭作为原料生产合成气，则每千克煤炭消耗 1.2kg 水蒸气和 0.4kg 氧气，可产生 1.9～2.0m³ 的煤气。煤气的组成为 $CO + H_2$ 大于 75%，$CH_4$ 含量约为 2.5%，$CO_2$ 含量较低，有利于合成氨的生产。

灰熔聚煤气化（U-Gas）技术是一种利用小于 6mm 粒径的干粉煤作为原料的气化技术。它使用空气、富氧或水蒸气作为气化剂，通过在高温下（1050～1100℃）进行快速气化反应，从气化炉底部连续加入粉煤和气化剂。未完全反应的残碳和飞灰被粗煤气带走后，通过两级旋风分离器回收，并再次返回炉内进行气化，从而提高碳转化率并降低灰中的含碳量至 10% 以下，同时排灰系统也变得简单。粗煤气几乎不含有害物质如焦油和酚，易于净化处理。这是中国自主开发的先进煤气化技术。该技术可用于生产燃料气、合成气和联合循环发电，特别适用于中小型氨肥厂替代间歇式固定床气化炉，以烟煤替代无烟煤生产合成氨原料气，可降低合成氨成本 15%～20%。

（3）气流床气化工艺

气流床气化是一种并流气化技术，通过气化剂将粒径小于 $100\mu m$ 的煤粉引入气化炉内，也可以将煤粉制成水煤浆后泵入气化炉。在高于煤灰熔点的温度下，煤料与气化剂发生燃烧和气化反应，产生的灰渣以液态形式从气化炉中排出。Texaco（德士古）和 Shell（壳牌）是气流床气化技术中最具代表性的公司。气流床气化具有对不同煤种（烟煤、褐煤）、不同粒度、不同含硫和不同含灰量的较高兼容性。国际上已有多个单系列、大容量、加压工厂正在运行，这些工厂代表着清洁和高效的技术发展趋势。壳牌干煤粉气化工艺于 1972 年开始进行基础研究，1978 年建成了投煤量为 150t/d 的中试装置，并投入运行。1987 年，在美国休斯敦建成了投煤量为 250～400t/d 的工业示范装置。在大量实验数据的基础上，荷兰的 Demkolec 电厂于 1993 年建成了日处理煤量为 2000t 的单系列大型煤气化装置，用于联合循环发电。经过三年多的示范运行，该装置于 1998 年正式交付使用。我国已引进了 23 套壳牌气化炉装置。

Texaco 水煤气化炉是根据 1952 年开发成功的渣油气化炉进行改进的，经过了 1975 年和 1978 年的低压和高压中试装置（采用激冷流程），以及 1978 年在联邦德国 Oberhausen 建设的 RCH/RAG 示范装置（采用废炉流程，每天处理 150t 煤，工作压力为 4.0MPa），通过考核和经验积累，随后，于 1982 年建成了 TVA 装置（两台炉，一主一备，每天处理 180t 煤，压力为 3.6MPa），1983 年建成了 TFC（Eastman Kodak）装置（两台炉，一主一备，每天处理 820t 煤，压力为 6.5MPa），1984 年建成了日本 UBE 装置（三台炉，一主两备，每天处理 1500t 煤，压力为 3.6MPa），以及 Cool Water IGCC 电站（两台炉，每天处理 910t 煤，压力为 4.0MPa），这些装置投入运行后取得了成功。

20 世纪 80 年代末以来，我国共引进了四套 Texaco 水煤浆气化装置。这些装置分别位于鲁南（两台炉，一主一备，每天处理 450t 煤，压力为 2.8MPa）、吴泾（四台炉，三主一备，每天处理 500t 煤，压力为 4.0MPa）、渭河（三台炉，二主一备，每天处理 820t 煤，压力为 6.5MPa）和淮南（三台炉，无备用，每天处理 500t 煤，压力为 4.0MPa）。这四套装置均用于生产合成气，其中 7 台用于制氨，5 台用于制甲醇。我国在水煤浆气化领域积累了丰富的设计、安装、开车以及新技术研究开发的经验和知识。

水煤浆气化的主要优点在于制备和输送过程简单、安全可靠，设备的国产化率高，同时也能节约投资成本。然而其具有明显的缺点，如水煤浆制备过程中褐煤的制浆浓度为 59%～61%，而烟煤的制浆浓度为 65%。此外，由于汽化煤浆中的水量约占入炉煤的 8%，相比干煤粉作为原料，氧耗高出 12%～20%。因此，水煤浆气化的效率相对较低。

Destec 气化炉已经在美国建设了两个商业装置，分别是 LGT1 和 WabshRive。LGT1 炉型的气化炉容量为 2200t/d，运行于 1987 年，而 WabshRive 炉型为两台炉，一开一备，单炉容量为 2500t/d，投运于 1995 年。这些炉型与 K-T 类似，由第一段（水平段）和第二段（垂直段）组成。在第一段中，两个喷嘴以 180°对置的方式，利用喷流撞击的方式增强混合效果，克服了 Texaco 炉型速度呈钟形（正态）分布的缺点，最高反应温度约为 1400℃。为了提高冷煤气的效率，在第二段中，使用总煤浆量的 10%～20%进行冷激（与 Shell、Prenflo 的循环煤气冷激方法不同），此处的反应温度约为 1040℃，出口煤气被送入火管锅炉回收热量。熔渣从气化炉的第一段中部流下，经过水冷激固化，形成渣水浆并排出。这种炉型适用于生产燃料气，而不适合生产合成气。

Shell 气化炉与 Texaco 气化炉的技术发展经历相似。早在 20 世纪 50 年代初，Shell 成功开发了渣油气化技术。后在此基础上，经历了三个阶段的发展。首先，在 1972 年于阿姆斯特丹建设了一个每日处理 6t 煤的装置，并在随后的几年中试验了 30 多种煤种。其次，1978 年与德国克鲁普-科佩斯公司合作，在哈尔堡建设了一个每日处理 150t 煤的装置。之后，两家公司分道扬镳后，Shell 在 1978 年于美国休斯敦的迪尔帕克建设了一个每日处理 250t 高硫烟煤或每日处理 400t 高灰分、高水分褐煤的装置。整个过程历时 16 年，直到 1988 年 Shell（壳牌）煤技术应用于荷兰的 Buggenum IGCC 电站。

Shell 气化炉的壳体直径大约为 4.5m，炉子下部设有 4 个喷嘴，它们位于同一水平面上，并均匀分布在圆周上。通过喷嘴位置的设置产生射流撞击，可以增强热质传递过程，使炉内横截面的气流速度相对均匀。炉衬采用水冷壁（Membrane Wall）结构，总重约为 500t。在炉壳和水冷管排之间留有约 0.5m 的间隙，以方便安装和检修。

在气化炉内，占煤气携带煤灰总量的 20%～30% 沿着轴线向上运动，并在接近炉顶的位置注入循环煤气进行激冷处理。激冷煤气的量占生成煤气量的 60%～70%，通过激冷过程，煤气的温度降至约 900℃，使熔渣凝固，并从气化炉中排出，随后沿着斜管道上升进入管式余热锅炉进行余热回收利用。而剩下的煤灰总量的 70%～80% 以熔融态形式进入气化炉底部，经过激冷处理后凝固固化，并从炉底排出。

粉煤通过氮气进行密相输送，并通过喷嘴进入气化炉。在喷嘴中，工艺氧气（纯度为 95%）和蒸汽也被注入，其压力为 3.3～3.5MPa。气化过程中的温度控制在 1500～1700℃，气化压力维持在 3.0MPa。通过气化过程，冷煤气的能量利用效率可达到 79%～81%；原料煤热值的 13% 被转化为蒸汽通过锅炉产生；而 6% 的能量损失来自设备和出冷却器的煤气显热损失，其中一部分损失于大气，另一部分损失于冷却水。

该工艺通过采用干煤粉进料的方式，相比水煤浆气化技术，氧耗低 15%；同时，碳转化率高达 99%，煤耗比水煤浆低 8%。此外，该技术具备便利的负荷调节能力，只需关闭一对喷嘴，即可将负荷降低 50%。炉衬采用水冷壁结构，据称可达到 20 年的寿命，而喷嘴寿命则约为 1 年。然而，该技术也存在一些主要缺点，如设备投资较水煤浆气化技术更为昂贵。此外，气化炉和废锅炉的结构过于复杂，加工难度增加，这也是需要注意的问题。

## 1.3.2 Shell 煤气化技术

Shell 煤气化工艺是当今世界上较为先进的第二代煤气化工艺之一，采用气流床气化技术。在加压的条件下，煤粉、氧气和少量水蒸气同时进入气化炉，经历极短的时间完成升温、挥发分脱除、裂解、燃烧和转化等一系列物理和化学过程，产生的气化产物主要为富含 $H_2$ 和 CO 的合成气，$CO_2$ 含量极低。

（1）技术背景

壳牌公司从 20 世纪 50 年代开始积极参与气化工艺技术的开发，在积累了丰富的油气化经验后，壳牌于 1972 年开始在位于阿姆斯特丹的研究院（KSLA）进行煤气化工艺技术的研究。到了 1976 年，壳牌已经取得了相当的进展，建立了一座处理煤量为 6t/d 的试验厂（SCGP），并在该装置上进行了 30 多个不同煤种的试验。

1978 年，壳牌公司又在汉堡附近的哈尔堡炼油厂建立了一座处理煤量为 150t/d 的煤气化工厂。通过利用该装置，壳牌公司成功地进行了一系列试验，并在 1983 年停止运行之前累计运行了 6100h，其中包括超过 1000h 的连续运行。这些试验顺利完成了工艺开发和过程优化的任务。

壳牌公司在汉堡中试装置成功运行后，于 1987 年在美国休斯敦附近的 Deer-Park 石化中心兴建了一座大型工厂，名为 SCGP1 示范厂。该工厂每天处理 250t 高硫煤或 400t 高湿度、高灰分的褐煤，并积累了超过 15000h 的运行经验。SCGP1 试验了约 18 种不同原料，包括褐煤和石油焦等。这些试验结果充分验证了壳牌煤气化技术在可靠性、原料灵活性、负荷可调性和环保性方面的出色表现，SCGP1 示范厂顺利运行并取得了成功。

1988 年，荷兰国家电力局决定在荷兰南部的 Buggenum 地区由其下属的 Demkolec 公司建设一座煤气化联合循环发电厂（IGCC），该电厂的发电能力为净输出 253MW。Shell 公司为该装置提供专利技术和基础工程设计，气化装置设计能力为每天处理 2000t 煤，气化压力为 2.8MPa。该电厂于 1993 年底进行试车，随后进入为期 3 年的示范期。在此期间，成功完成了对 14 种不同煤种的试验，并全面评估了商业化电站规模下的可靠操作、环保性能、负荷调节以及经济效益。实践证明，碳的转化率可达到 99% 以上，而装置的负荷可以在 40%～100% 之间调节。

（2）工艺流程

图 1-5 展示了典型的 Shell 煤气化工艺流程，其中包含了多个关键步骤。首先，从煤场运来的煤和石灰石经过称重给料机按照一定的比例混合，并进入磨煤机进行混磨过程（约 90% 的粒径小于 $100\mu m$）。在磨煤过程中，热风作为动力被

引入，带走煤中的水分。随后，经过袋式过滤器进行过滤处理，干燥的煤粉被储存在煤粉舱中待用。在另一侧，来自空分的氧气经过氧压机加压并预热，然后与中压过热蒸汽混合，形成氧气混合气体。该气体与从煤粉舱中出来的煤粉通过锁斗装置相结合，氮气被加压至 4.2MPa，并作为动力将煤粉和氧气混合物送入喷嘴。在气化炉内，煤粉、氧气和蒸汽混合物一起进行燃烧反应。反应温度控制在 1500~1600℃，气化压力为 3.5MPa。

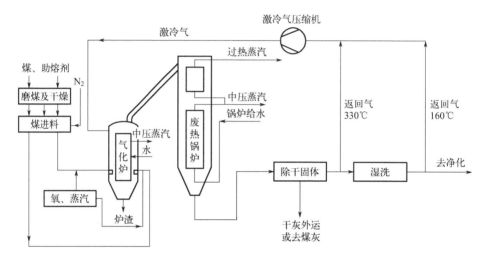

**图 1-5** Shell 煤气化工艺流程简图

气化炉出口的气体首先通过气化炉顶部的激冷压缩机进行激冷，将其温度降至 900℃。接着，经过输气管换热器和合成气冷却器回收热量，气体的温度进一步降至 350℃。在这个阶段，高温高压陶瓷过滤器起到重要作用，能够去除合成气中 99% 的飞灰。从高温高压过滤器出来的气体分为两部分。其中一部分经过激冷气压缩机的压缩，成为激冷气，用于后续的工艺。另一部分进入文丘里洗涤器和洗涤塔，通过高压工艺水进行处理。在这个过程中，水除去残留的灰分并将气体温度降至 150℃，然后进入气体净化装置。经过这些处理步骤，煤气中的含尘量被有效控制在小于 1mg/m³ 的极低水平。处理后的煤气净化程度高，可以安全地送入后续的工艺环节进行利用。

在气化炉内产生的熔渣会沿着气化炉壁流向底部的渣池，并与水反应形成固态玻璃状炉渣。这些炉渣会通过收集器和渣锁斗收集，并定期排放到渣脱水槽中。然后，经过捞渣机捞出并运送至渣场，作为商品进行销售。

高温高压过滤器中收集的飞灰会经过飞灰气提塔提取，并在降温至 100℃ 后进入飞灰贮罐。其中一部分飞灰会返回到磨煤机进行再利用，而另一部分则会作为商品进行销售。

气化炉壁内的膜式壁和各换热器通过泵进行强制水循环。产生的 5.4MPa 饱和蒸汽会进入汽包，在汽水分离后进入蒸汽总管，水则继续进行循环使用，以确保系统的正常运行。

（3）工艺特点

① 干煤粉进料　粉煤可以广泛适应不同种类的煤，包括无烟煤、烟煤、褐煤和石油焦，对于煤的灰熔融性温度范围的要求比其他气化工艺更宽。它也适应较高灰分、较高水分和较高含硫量的煤种。然而，在实际应用中，还是应尽可能选择质量较好的煤种。粉煤通过密封料斗的方式进行升压（即间断升压），而常压粉煤则通过变压舱进行升压后进入工作舱（压力舱），其压力略高于气化炉。粉煤则通过喷嘴被氮气或 $CO_2$ 夹带进入气化炉。

② 气化温度高　气化过程中的温度为 $1400\sim1600$℃，压力为 3.0MPa，高温条件下碳的转化率可达到 99% 以上。所产生的气体相对洁净，不含有重烃，且甲烷含量极低。煤气中有效气体（$CO + H_2$）的含量高达 90% 以上。与高温气化相比，该工艺不会产生焦油、酚等凝聚物，从而避免了对环境的污染。此外，煤气中甲烷的含量非常少，使得煤气的质量更加优良。

③ 氧耗低　氧耗量的大小与所使用的煤种密切相关，而这种工艺的氧耗较低。以神府煤为例，每吨煤的氧耗量约为 $600m^3$。由此可见，与这种工艺相匹配的空分装置的投资成本可以减少。

④ 干煤粉下喷式喷嘴，并有冷却保护　Shell 气化炉采用了多个喷嘴设计，并且喷嘴采取了成双对称的布置方式，喷嘴的数量通常在 $4\sim6$ 个之间。这些喷嘴的空气动力学设计经过了详尽的研究和计算，以确保其性能和效果。喷嘴被安放在气化炉的下部，以列式布置，使得喷嘴能够均匀地分布在炉内。喷嘴冷却水系统的设计旨在防止喷嘴过热而损坏。通过喷嘴冷却水泵，软水被引入喷嘴进行冷却，然后经过冷却器进行进一步降温，并循环使用。Shell 公司的专利喷嘴设计经过严格验证，保证其寿命可达 8000h，这进一步证明了其稳定和可靠性。

⑤ 气化炉　Shell 煤气化炉以其大型单炉的高生产能力而著称。该工艺采用的炉压约为 3.0MPa，每天处理的煤炭量可高达 $1000\sim2000t$。与此同时，煤气化炉采用了耐火砖无衬里的水冷壁结构，这种设计使得炉体的维护工作量减少，运行周期也更长，运行周期中无需频繁备炉。炉体分为内筒和外筒两部分，外筒承受静压力而不承受高温，内筒承受高温，同时划分为气化区、炉渣收集区和气体输送区。内炉体上部是燃烧室，而下部则是激冷室。煤粉和氧气在燃烧室中进行反应，使温度保持在约 1600℃。

⑥ 高温煤气激冷和冷却　为了防止混合粗煤气中的液渣在凝固时粘壁，采用了合成气排出前急冷法固化液渣。这种方法能够使合成气温度瞬间降至灰渣软化温度以下，从而避免粘壁问题的发生。在气化炉的上部，通过激冷冷却的方式

将温度降至约 900℃，使混合粗煤气中夹带的熔融态灰渣颗粒固化。然后，粗煤气离开气化炉并进入废热锅炉，在废热锅炉内与脱氧水（压力为 4.0MPa，温度为 40℃）进行热交换，将其冷却至约 300℃。

⑦ 废热锅炉　在废热锅炉中，采用废锅法（水管式）回收高温煤气的显热，这个过程要面临高温高压和粉尘的冲刷，操作条件相对恶劣。由于温度差异较大，如何减少热应力对设备造成的损害是需要考虑的重要问题。废热锅炉的金属外筒作为受压容器，其温度并不高（约 350℃）。内部结构由圆筒型水冷壁和多层盘管型水冷壁组成。为了清除水冷壁上的积灰，可以设置多个气动敲击除灰装置，以实现振动除灰的效果。这样可以保持水冷壁的清洁。

⑧ 热效率高　在气化过程中，煤的热能约有 83% 被转化为合成气，而约 15% 的热能则被回收为高压或中压蒸汽。这样的热回收系统使得总的热效率达到了约 98%。这意味着煤炭内的能源利用率非常高效，大部分煤中的热能都被充分利用和转化为了有用的产物。

⑨ 气化操作采用先进的控制系统　除了 Shell 公司专有的工艺计算机控制技术外，为确保设备和操作人员的安全，还采用了必要的 DCS（分布式控制系统）和 ESD（紧急停车系统）。这些系统的存在确保了气化操作能够在最佳状态下进行，并及时采取应对措施以应对任何潜在的风险或紧急情况。这样的安全保护措施对于确保工艺的稳定性和操作的安全性至关重要。

⑩ 合成气处理　粗合成气从废热锅炉中流出后，进入干式除尘器进行处理。Shell 采用高效飞灰过滤器除尘技术来回收煤气中的飞灰。被脱除的飞灰会被收集到飞灰收集罐中，然后再循环利用，将其返回气化炉中。这种方法能够实现较高的碳转化率，并且通过这样的循环利用方式，能够最大限度地减少飞灰的排放，提高能源利用效率。

⑪ 熔渣处理　气化炉产生的高温熔渣在经过激冷处理后会转化为稳定的玻璃状颗粒，其性质非常稳定，对环境的影响较小。

▣ 表 1-1　壳牌煤气化工艺的主要性能参数

| 名称 | 主要性能参数 |
| --- | --- |
| 气化工艺 | 气流床、液态排渣 |
| 适用煤种 | 褐煤、次烟煤、烟煤、石油焦 |
| 气化压力/MPa | 2.0~4.0 |
| 气化温度/℃ | 1400~1600 |
| 气化剂 | 纯氧 |
| 进料方式 | 干煤粉 |

| 名称 | 主要性能参数 |
|---|---|
| 单炉最大投煤量/（t/d） | 2000 |
| 1000m³ 合成气耗氧量/m³ | 330～360 |
| 碳转化率/% | 99 |
| 冷煤气效率/% | 80～85 |
| 合成气/% | 90 |

壳牌煤气化工艺的主要性能参数见表 1-1。壳牌煤气化工艺具有适应多种煤种、高碳转化率、高质量合成气、高热效率和良好的环保性能等主要特性。其中，碳转化率可以达到 99% 以上；合成气质量较高，其中的有效气体（CO + $H_2$）含量可达 90% 以上，不含重烃，甲烷含量极低；煤气化工艺的热效率较高，大约可以将煤中约 83% 的热能转化为合成气，约 15% 的热能回收为高压或中压蒸汽，总体的热效率可达 98% 左右。壳牌煤气化工艺对环境影响较小。它不会产生焦油、酚等凝聚物，不会污染环境。此外，气化污水中的氰化物含量较少，易于处理，可以实现近零排放。这些参数使其成为一种先进的煤气化技术，被广泛应用于工业生产中。

# 1.4 黑水处理系统

## 1.4.1 黑水工艺流程

水煤浆气化工艺和干煤粉气化工艺在气化原料方面存在差异，但其后续工艺中一般设有黑水处理系统，以处理气化炉激冷与合成气初步净化过程中产生的污水——黑水。黑水处理系统的功能包括回收部分热能、分离固态颗粒和水中溶解的气体，以实现激冷水和除尘水的部分循环利用。尽管不同煤气化工艺的气化原料等不同，但它们在黑水处理方面的工艺设置基本相似。

黑水是指介质中含有大量细颗粒状悬浮物和酸性气体的水，由于其颜色发黑，故称黑水。在经过沉降处理后，悬浮物明显减少，这时可称为灰水。黑水介质具有高悬浮物含量、高温度、高碱度和高硬度的特点。此外，黑水中还溶解有氨、氯离子、硫化氢、磷酸等具有强腐蚀性的介质。煤气化过程中产生的固体颗粒存在于黑水中的含量可达 4% 左右。这些固体颗粒容易在管道等处沉积导致阀门和节流口堵塞。同时，当黑水高速通过节流口时，固体颗粒与设备材料表面发生高速摩擦，对阀芯、阀座等关键零部件造成严重的冲蚀损伤。再耦合腐蚀性介质产生的腐蚀损伤，导致阀门等设备经常失效。某煤气化黑水系统处理流程如图1-6所示，气化炉和洗涤塔在生产过程中产生的黑水经多台高压黑水角阀将洗涤黑水排向高压闪蒸罐处理，然后浓缩后黑水依次进入低压闪蒸罐和真空闪蒸罐，进而实现黑水的回收提纯及再循环。高压黑水角阀用于第一阶段闪蒸减压过程的调节，其处理过程中闪蒸阀需要降低约 5.43MPa 的黑水压力，并且承受 246℃ 左右高温和酸性介质工况下的固体颗粒的冲蚀磨损，极易造成故障。

大多数煤气化工艺中，参与水循环的主要有合成气洗涤系统、锁斗系统、合成气初步净化单元和黑水处理系统四个部分。黑水处理系统是将来自激冷罐、湿洗塔和除渣系统的废水以及系统的雨水污水进行回收处理和循环利用的水处理系统。整个工艺的过程是将来自气化炉激冷室、旋风分离器和水洗塔底部的高温黑水送入蒸发热水塔进行闪蒸，并与洗涤灰水进行热交换，同时部分酸性气体也被解析出来。底部的浓缩黑水经过低压和真空闪蒸进一步浓缩，然后经过澄清槽和灰水池分离出细渣和澄清灰水用于循环利用，而一部分灰水则作为废水排放。这样的处理系统能够有效地回收和利用水资源以及黑水中的热量，实现对黑水的综合管理。

合成气洗涤系统中，来自气化炉的饱和合成气进入文丘里洗涤器与激冷水泵送的黑水混合，确保合成气中的固体颗粒完全湿润，以便在洗涤塔中能够充分沉降。黑水的流量通过调节阀进行控制，阀前压力为 5.0MPa，阀后压力为4.65MPa，黑水的温度为 220℃，黑水中固体物质的含量在 0.3%～1.0% 之间。在实际生产中，该阀门需要经常进行检修，每 3～4 个月进行一次检修，每 6～8个月更换一次阀内件，主要涉及密封面冲蚀、阀体腐蚀和冲刷等问题，导致这些维修工作已经成为保证系统正常运行的重要环节。

排渣锁斗系统也是黑水的产生来源之一。通常排渣锁斗系统包括泄压、清洗、排渣、充压和收渣五个阶段，这些阶段由锁斗程序自动控制，并且循环时间通常为 30min。因为气化炉内气化压力一般在 2.7～8.5MPa 之间，而渣池则是与大气相通，为了将炉内的灰渣排出到渣池中，需要利用排渣锁斗系统将介质的压力降至常压。当锁渣阀打开、下锁阀关闭时，锁斗与气化炉处于同一连通系统，压力相等，这时可以将气化炉内的黑水和废渣收集到锁斗中。相反地，当锁渣阀关闭而下锁阀打开时，锁斗与渣池处于同一连通系统，压力相等，这时可以将锁斗内的黑水排入渣池。锁斗系统排出的黑水一般经过澄清后再循环利用。

通过闪蒸系统处理，气化工段产生的黑水可以分阶段地释放黑水溶解的大部分气体，并经过进一步除渣等处理，实现部分水再循环利用。以三级闪蒸系统为例，黑水先进入高压闪蒸罐，经过减压作用使高温液体迅速膨胀发生闪蒸，从而闪蒸出水蒸气、二氧化碳、硫化氢等气体。闪蒸气经过灰水加热器冷却后，水蒸

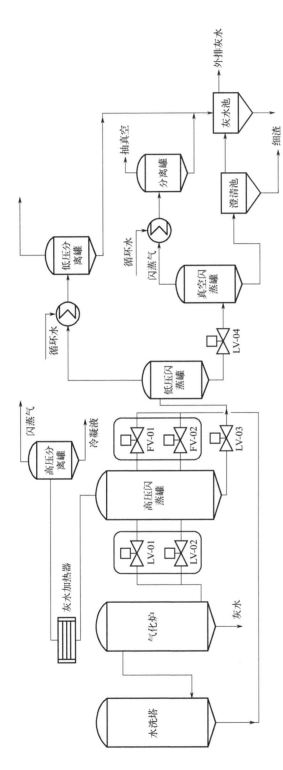

图1-6 某煤气化黑水系统工艺流程简图

气会凝结成水,在高压闪蒸分离器中进行分离,并被送至洗涤塔的给料槽中。经过高压闪蒸后的浓缩黑水的固体含量会显著增加。随后,它被送入低压灰浆闪蒸罐,通过第二级减压膨胀,闪蒸产生的气体进入洗涤塔的给料槽,水蒸气冷凝,而黑水则进一步浓缩,并进入真空闪蒸罐进行处理。在真空闪蒸罐的负压环境下,酸性气体和水蒸气蒸发出来。底部排出的含固体量较高的黑水通过沉淀给料泵输送至沉淀池。整个工艺中所使用的调节阀均称为黑水调节阀。由于黑水中溶解有 $Cl_2$、$H_2S$ 等强腐蚀介质,会对阀门产生腐蚀作用。此外,流体中还含有大量的硬质颗粒,其质量分数最高可达 30%。这些颗粒容易在阀门内部堆积,导致流通受阻,从而影响调节阀的性能。同时,当流体通过节流断面时,发生气液闪蒸现象后导致流速急剧增加,也给阀芯和阀体带来严重危害。因此,对于黑水处理系统中的调节阀,必须具备可靠的耐腐蚀性能和耐磨性能。

最后,在渣水处理系统中,经过三级闪蒸单元处理后的黑水与适量的絮凝剂混合搅拌后进入澄清槽。在絮凝剂的作用下,黑水中的细小固体颗粒聚集在一起,并在重力的作用下自然沉降。随后,经过灰浆槽底流泵的输送,黑水进入真空带式过滤机进行吸附过滤,将其中的水分去除,形成滤饼并排出系统。滤液则经过收集后,通过滤液泵送回澄清槽进行循环利用。经过澄清槽澄清的上清液溢流进入灰水槽,再通过泵送往其他系统进行循环再利用。为了防止管道累积腐蚀物质如氯离子,同时确保水质,部分灰水被外排至后续的水处理工序中。这样的处理措施既保证了系统的正常运行,又满足了对水质和环境的要求。

黑水处理系统具有温度高、压差大、流速快等工况特点,同时在逐级减压过程中发生闪蒸现象,因此系统中使用的设备容易出现故障。当前,在煤气化系统的黑水和渣水处理装置中,各类球阀以及减压阀经常出现严重的密封面磨损问题,同时阀体和阀座的流道也容易受到冲蚀、气蚀、腐蚀以及阀门卡塞等故障的影响。这些问题给系统的正常运行带来了很大的风险和挑战。因此,需要采取措施来改进和优化这些装置的设计和材料选择,以提高其耐磨性和可靠性,确保系统的稳定运行。

## 1.4.2　黑水闪蒸系统的失效

黑水系统中,黑水调节阀是黑水处理中闪蒸阶段最关键的组件之一。它用于控制煤气化工艺系统中气化工段的黑水闪蒸和水循环系统中黑水介质的压力、流量以及闪蒸过程。由气化炉和碳洗塔排出的高固体含量黑水经过水处理系统处理后进行循环使用。黑水首先进入高压和真空闪蒸系统,经过减压闪蒸降低黑水温度,释放不溶性气体并浓缩黑水。经过闪蒸处理后,黑水固体含量进一步提高,然后进入沉降槽进行澄清处理,澄清后的水再循环使用。黑水调节阀在黑水系统中具有多个典型应用位置，包括气化炉激冷室黑水流量调节阀、碳洗塔底部黑水排放流量调节阀、气化炉激冷室冷却水黑水流量调节阀以及进入文丘里混合器的黑水流量调节阀。这些调节阀的作用是确保黑水在不同工位的流量和压力得到有效控制，以保证黑水处理系统的正常运行和循环利用。

　　煤气化黑水处理工艺中涉及大量含固多相流介质的流动控制，黑水角阀在其中起着重要作用。黑水角阀主要用于将气化炉和洗涤塔产生的含固黑水进行减压调节后送入闪蒸罐，以实现热量回收和灰水的再循环利用，它是煤气化装置中不可或缺的关键设备。针对黑水角阀的故障失效问题，人们正在分析其在苛刻工况条件下的失效行为和机理，并进行材料和结构的改进，以提高其有效使用寿命。这一领域是煤气化技术人员关注和研究的重点，以确保黑水角阀能够稳定可靠地运行，并为煤气化工艺提供良好的流动控制效果。不同煤种对黑水阀的失效影响较大，在一些黑水调节阀经常失效的装置中，在高压黑水角阀的运行初期，多采用二路阀门同时运行的方式（见图1-7），每个阀门的运行开度不足10％，以保证闪蒸效率和设备的长期运行。

**图 1-7　某煤气化高压闪蒸黑水角阀的装置现场图**

　　为了确保含固多相流介质的顺畅流动且无阻塞，黑水角阀采用了角式自洁阀腔设计，如图1-8所示。

　　该阀门由连接法兰、阀座、阀芯部件、阀体、上阀盖、填料部件等组成。高压黑水介质从左端进入，通过连接法兰底部流出。阀芯通过执行机构的控制上下运动，改变阀芯与阀座之间的间隙，从而调节介质的流量。阀芯头的设计可根据现场工艺需求，采用对数或线性流量特性的曲面，以实现精确的流量调节。为提高阀门的流通能力，阀座流道采用了文丘里加速原理（如图1-9所示），加工成一定角度的锥面，并通过螺栓固定在阀体内的台阶上，方便拆卸。此外，连接法兰的出口端直径可根据现场工艺管道布置确定，实现管道的变径，并在内部流道中也采用了锥面设计，进一步提高介质的流通性。这样的设计和结构确保了黑水角阀的稳定运行，并满足煤气化工艺中对介质流动控制的要求。为了防止闪蒸后的气液固高速三相流冲刷造成闪蒸罐损伤，调节阀通过文丘里扩管先连接缓冲筒，然后缓冲筒再与闪蒸罐相连。

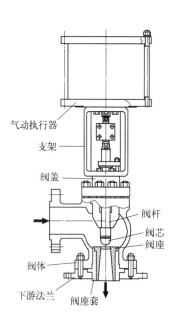

**图1-8　黑水调节阀剖面模型图**

**图1-9　黑水阀下游的文丘里扩管和缓冲罐及其与闪蒸罐的连接**

在煤化工装置中，无论是干煤粉气化工艺还是水煤浆气化工艺，黑水角阀的失效形式多样。常见的失效形式包括阀芯和阀座的冲损、下游法兰的冲损、阀杆的冲蚀、阀芯掉落、阀杆卡涩、气动执行器串气等，其中调节阀阀芯和阀座的冲蚀是最主要的失效问题。其次是调节阀后下游缓冲筒法兰的冲蚀磨损问题。其他失效问题发生的概率较小，通常可以通过技术改造来解决。这些失效形式的发生对黑水角阀的正常运行产生了一定的影响，因此需要采取措施来延长阀门的使用寿命并提高其可靠性。

某公司煤气化装置最初使用某国外阀门公司设计的系列角阀，其结构如图 1-10 所示。该黑水调节阀于 2014 年 1 月投入运行，11 月在高压闪蒸段发现阀芯出现磨损，后更换为某国产阀芯阀座，运行 6 个月后出现磨损。该装置的高压黑水角阀及文丘里扩管、阀后缓冲筒失效形貌如图 1-11 所示。图 1-11（a）展示的黑水阀阀芯冲蚀磨损的样貌显示阀芯受到严重的冲蚀磨损，尺寸明显减小，阀芯表面的硬质涂层已经完全消失，同时出现严重的沟槽结构，显示出明显的冲蚀磨损痕迹。图 1-11（b）展示的黑水阀出口下游文丘里管的失效形貌表明其内表面明显出现大量的鱼鳞状冲蚀磨损痕迹。

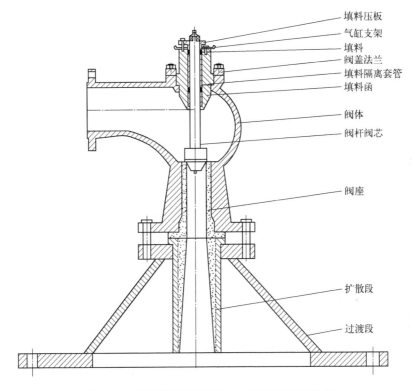

填料压板
气缸支架
填料
阀盖法兰
填料隔离套管
填料函
阀体
阀杆阀芯
阀座
扩散段
过渡段

**图 1-10** 某国外阀门公司生产的黑水角阀结构图

高压黑水调节阀在减压过程中会发生部分闪蒸现象，导致流速过快，从而增加了冲蚀磨损和流动腐蚀的风险。介质中含有颗粒物，并且以高速运动，当液固两相流经黑水角阀阀芯与阀座之间的间隙时，减压会引起硬质颗粒与阀内件的高速冲刷，形成冲蚀现象，特别是在节流口处的静压最低的位置。当节流口的压力等于或低于液体入口温度下的饱和蒸汽压力时，部分气体会气化，导致阀门内形成气体、固体和液体三相流同时存在的现象。由于流速、阀位、温度、介质腐蚀性等因素的影响，加速了阀芯和阀座的冲刷损坏速度，最终导致阀门失去调节功

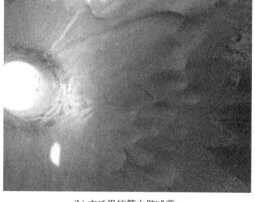

(a) 阀芯磨损　　　　　　　　　(b) 文丘里扩管内壁减薄

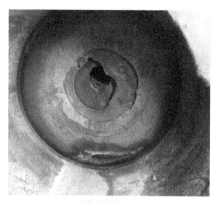

(c) 缓冲罐底板磨穿

**图 1-11　高压黑水角阀、文丘里扩管及阀后缓冲筒失效形貌**

能，无法正常生产。

对有些煤种而言，黑水系统的失效行为非常频繁，如表 1-2 所示的某公司煤气化装置高压黑水角阀阀芯的寿命仅为 4～6 个月，且缓冲罐底部的减薄十分严重，装置的运行和检修成本很高。

▫ **表 1-2　某装置不同运行周期黑水调节阀的失效统计**

| 运行周期 | 最长使用寿命 | 更换/修理阀组件 |
|---|---|---|
| 2015 年 4 月～2015 年 9 月 | 4 个月 | 阀芯、缓冲罐 |
| 2015 年 10 月～2016 年 3 月 | 4 个月 | 阀芯 |
| 2016 年 4 月～2016 年 10 月 | 5 个月 | 阀芯、缓冲罐 |
| 2016 年 11 月～2017 年 7 月 | 6 个月 | 阀芯、缓冲罐 |

# 第**2**章

# 黑水系统失效机理

## 2.1 黑水腐蚀介质分布与腐蚀机理

### 2.1.1 黑水腐蚀介质分布

黑水主要包括煤气化装置中激冷室和合成气洗涤系统的废水，其特点是悬浮物含量较高，呈黑色。通常情况下，黑水中含有 3%～5%（质量分数）的灰渣。在极端情况下，灰渣量的质量分数可高达 10%～20%。黑水中还溶解有氨、氯离子、硫化氢、磷酸等，形成较高离子浓度的溶液，具有较强的腐蚀性。因此，黑水介质具有高悬浮物含量、高温、高碱度和高硬度等特点，悬浮物以煤气化反应产生的高硬度固体颗粒为主，对流道具有很强的磨蚀性。表 2-1 和表 2-2 显示了某煤气化装置不同煤气化工艺环境和时间段下的黑水性质的差异。

⊡ 表 2-1 某公司煤气化工艺高压闪蒸前黑水水质属性

| 悬浮物 / (mg/L) | $Ca^{2+}$ / (mg/L) | 碱度 / (mg/L) | $Cl^-$ / (mg/L) | 固悬物 / (mg/L) | 电导率（25℃） / (μS/cm) | pH 值 |
|---|---|---|---|---|---|---|
| 2850 | 56.16 | 2.47 | 74.42 | 2850 | 2110 | 8.31 |

⊡ 表 2-2 某公司煤气化工艺真空闪蒸后黑水介质属性

| 日期 | 碱度/ (mmol/L) | $Cl^-$ / (mg/L) | $CN^-$ / (mg/L) | pH 值 | 总固体/ (mg/L) |
|---|---|---|---|---|---|
| 2005 年 3 月 26 日 | 4.24 | 81.5 | 0.15 | 8.0 | 1856 |

| 日期 | 碱度/ (mmol/L) | Cl⁻/ (mg/L) | CN⁻/ (mg/L) | pH 值 | 总固体/ (mg/L) |
|---|---|---|---|---|---|
| 2005 年 5 月 17 日 | 7.40 | 184.0 | 0.19 | 7.7 | 3706 |
| 2005 年 7 月 19 日 | 13.30 | 184.0 | 0.19 | 7.9 | 4298 |

通过观察表 2-1 和表 2-2 的数据可以得知，黑水中虽然溶解了一定量的腐蚀性物质，但整体呈现弱碱性。其成分中含有较多的固体颗粒、$Ca^{2+}$ 和 Cl⁻。此外，不同环境下黑水的 pH 值也存在差异，这个差异对于阀芯、阀座等零件的材料选择具有重要影响，并且对于了解阀门内部损坏机理也具有重要意义。上述数据是在常温常压下测定的结果，还缺少一些黑水的物理性质参数。而黑水处理系统工作时，处于较高温度压力状态，不容易直接测量。同时，由于黑水阀前后压差很大，当高温黑水经阀门节流口调节时，其流速激增，压力骤降，当其降低到对应饱和蒸气压后会发生闪蒸，液相转变而产生大量气相。可以利用 Aspen Plus 化工工艺模拟软件计算闪蒸工艺结果，其所需设置参数入口温度以及进出口压力从现场仪表可以测得，其物理过程可近似看成绝热闪蒸过程，求解流程如图 2-1 所示。

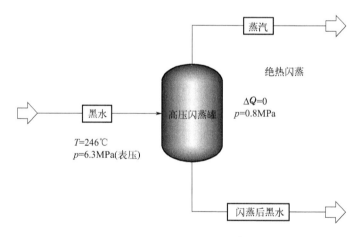

**图 2-1 黑水阀闪蒸工艺流程**

上述模拟计算结果如表 2-3 所示。

▫ **表 2-3 化工过程模拟计算结果**

| 闪蒸后温度/℃ | 气相分率/% | 气相密度/ (kg/m³) | 气相黏度/cP | 气相热导率/ [W/ (m·K) ] |
|---|---|---|---|---|
| 175.7 | 96.47 | 4.563 | 0.01503 | 0.03896 |

此外，不同煤种在煤气化过程中产生的黑水成分也会有所不同。煤种的差异会导致黑水中固体成分、化学成分以及其他污染物的含量和性质都有所变化。主要体现在不同煤种的灰分含量不同，因此黑水中的固体颗粒含量也会有所差异。高灰分煤在煤气化过程中会产生更多的灰渣，使得黑水中固体颗粒的含量更高。其次，煤种的硫含量也会对黑水的成分产生影响，高硫煤在煤气化过程中会产生更多的硫化氢等含硫化合物，使得黑水中含硫物质的浓度较高。最后，不同煤种的挥发分和固定碳含量也会对黑水的性质产生影响，高挥发分煤在煤气化过程中产生的气体成分较多，可能使黑水中的溶解气体含量较高，而高固定碳煤则可能在黑水中产生更多的固体颗粒。因此，在煤气化工艺中，需要针对不同煤种的黑水特性进行分析和处理，以确保黑水处理系统的有效运行和环境保护。

## 2.1.2　黑水的腐蚀机理

随着双碳目标的提出，煤化工必定成为煤深度加工的重要发展趋势，而煤气化技术带来的产品则是煤化工的原料基础，由此对煤气化的需求将逐渐增长。然而，煤气化过程中产生的水溶性硫、氯和氮化合物对设备和系统的腐蚀性造成了挑战，这已经成为限制煤气化装置安全稳定运行的一个关键问题。由于原料煤的来源、工艺技术和设计等因素的差异，煤气化装置的设备和管道选材存在较大的差异。因此，在设计和运行煤气化装置时，必须考虑这些因素，以保证装置的可靠性和持久性。同理，煤气化过程中产生大量的黑水，其中溶解有硫化氢和二氧化碳等气体，导致黑水具有较强的腐蚀性，并且黑水系统的工作条件通常具有较高的温度和压力。这种环境对系统的材料选择、防腐措施和操作管理提出了严峻要求。黑水中存在腐蚀性气体和高温高压条件，如果不采取适当的防护措施，可能导致设备腐蚀、泄漏和故障。因此，在设计和运行黑水系统时，必须选择合适的材料、合理布置和维护系统的完整性，以确保安全、高效地处理黑水。此外，还需要通过改进系统的设计和操作管理，优化防腐措施和监测手段，以降低腐蚀风险和延长设备的使用寿命。

以 Q245R 和 15CrMo 钢在 250℃煤气化黑水介质中的腐蚀情况为例，相关研究通过对这两种材料在黑水介质中的腐蚀评价，得出了一系列有关腐蚀性能的观察和分析结果。使用扫描电子显微镜（SEM）对试样进行腐蚀后的微观形貌观察，揭示了不同材料表面的腐蚀特征，其中包括表面溶解、腐蚀坑、氧化物沉积等，如图 2-2 所示。此外，通过腐蚀产物的能谱分析（EDS），我们可以确定形成的化合物和元素的分布情况。表 2-4 中的结果提供了这些分析的定量数据，显示了试样表面的元素组成和相对含量。

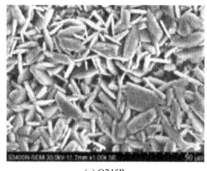
(a) Q245R

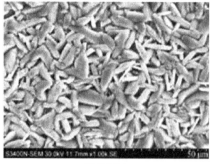
(b) 15CrMo

**图 2-2　250℃黑水腐蚀后两种金属的微观形貌**

⊡ 表 2-4　金属试样腐蚀产物 EDS 分析结果（质量分数）　　　　　　　　%

| 材质 | Fe | S | O | C |
|---|---|---|---|---|
| Q245R | 49.32 | 31.52 | 11.35 | 7.42 |
| 15CrMo | 54.90 | 31.13 | 7.20 | 6.77 |

通过观察和分析，Q245R 试样表面形成了一层均匀致密的腐蚀产物膜，由小颗粒状腐蚀产物组成。这种膜在一定程度上限制了腐蚀介质对金属基体的扩散和迁移，具有一定的保护性。相比之下，由图 2-2（b）可以看出，15CrMo 钢表面的腐蚀产物膜更加均匀致密，由晶粒状腐蚀产物组成。然而，宏观观察发现，15CrMo 钢表面的腐蚀产物膜附着性较差，容易出现开裂和剥落现象。尤其在黑水调节阀或管道的高速流动冲刷下，不同材料产生的腐蚀产物膜的耐冲刷能力还有待于进一步研究，需要对腐蚀产物膜与基材的结合力进行测定，同时考虑流体流动产生的冲刷力的大小。根据表 2-4 的结果，Q245R 和 15CrMo 钢在煤气化黑水介质中形成的腐蚀产物主要含有铁、硫、氧和碳等元素，其中铁和硫元素含量较高。根据煤气化黑水介质的特性，推测腐蚀产物主要由大量的 $FeS_x$ 和少量的 $FeCO_3$ 组成。与 Q245R 钢相比，15CrMo 钢表面的腐蚀产物中 $FeS_x$ 的总量基本一致，但比例较高。表明在 $P_{CO_2}/P_{H_2S} < 200$ 的工况下，碳钢和低合金钢的腐蚀速率主要受 $H_2S$ 腐蚀控制。

黑水介质对流道的腐蚀是一个复杂的电化学反应过程，不同离子介质有不同的电化学反应方程。

阳极反应：

$$Fe \longrightarrow Fe^{2+} + 2e \tag{2-1}$$

$$Fe^{2+} + S^{2-} \longrightarrow FeS \tag{2-2}$$

$$Fe^{2+} + 2OH^- \longrightarrow Fe(OH)_2 \tag{2-3}$$

$$Fe^{2+} + CO_3^{2-} \longrightarrow FeCO_3 \tag{2-4}$$

阴极反应：

$$2H^+ + 2e \longrightarrow H_2 \tag{2-5}$$

$$2H_2O + O_2 + 4e \longrightarrow 4OH^- \tag{2-6}$$

水解反应：

$$H_2CO_3 \longrightarrow H^+ + HCO_3^- \tag{2-7}$$

$$HCO_3^- \longrightarrow H^+ + CO_3^{2-} \tag{2-8}$$

综合反应表明，黑水介质中的腐蚀主要是由金属的溶解和水或氢离子的还原反应共同引起的。

在黑水介质中，FeS 产物膜的形成起到了重要的抑制作用。FeS 产物膜能够阻止亚铁离子迁移，限制新的 FeS 产物膜的形成，并阻碍具有良好保护性的 FeCO₃ 膜的生成。因此，腐蚀程度取决于 FeS 和 FeCO₃ 膜的稳定性以及它们对金属的保护效果。

此外，需要注意的是，煤气化黑水的腐蚀性在高温或高流速条件下增强，并且黑水中的氯离子对其腐蚀起到了明显的促进作用。上述腐蚀过程中产生的腐蚀产物主要由大量的 $FeS_x$ 和少量的 FeCO₃ 组成，呈现出均匀腐蚀的特征，腐蚀速率主要受硫化氢的腐蚀作用所控制。因此，在煤气化装置中，针对黑水的腐蚀问题，需要综合考虑高温、高流速、氯离子和硫化氢等因素，采取相应的防腐措施和材料选择，以确保装置的安全稳定运行。

有研究认为，黑水阀节流面后流道的腐蚀现象是由露点腐蚀、电偶腐蚀和应力腐蚀的综合作用所引起的复杂过程。这种复杂的耦合过程可以分为三个阶段来理解。在第一阶段中，由于节流面后流道某些地方的闪蒸气体温度低于露点温度，冷凝水开始在此处聚集，从而引发露点腐蚀现象。同时，黑水的存在，使得这一区域同时受到 Fe 的氧化和高温下 H₂S-H₂ 腐蚀的影响，加剧了腐蚀的程度，因此，阀体的下侧往往会出现明显的腐蚀点，并可能成为裂纹的起源。在第二阶段，随着冷凝水的进一步积聚，不锈钢管道中也存在冷凝水，这进一步加剧了电偶腐蚀的发生（如图 2-3 所示）。由于阳极 Fe 的面积远小于阴极 1Cr18Ni9Ti 的面积，出现了大阴极小阳极的不利情况，导致阳极腐蚀电流加大，进一步加速了阀体的腐蚀。这一阶段的腐蚀现象在整个过程中起到了重要的促进作用。第三阶段主要涉及应力腐蚀的影响，其中应力集中区域容易引发阀体的应力腐蚀开裂，加剧腐蚀的程度。在这个阶段中，H₂S 引起的应力腐蚀，即硫化物应力腐蚀破裂（SSCC），变得越来越明显。应力腐蚀 SCC（Stress Corrosion Cracking）指的是在金属材料或结构承受静态或准静态拉伸应力与腐蚀介质共同作用下引起的破裂现象。它是最具破坏性的腐蚀形式之一，往往会突然发生并导致灾难性后果。发生 SCC 必须同时满足三个方面的条件，即敏感的金属（材料因素）、特定的介质

（环境因素）和一定的拉伸应力（力学因素）。应力腐蚀开裂过程通常可以分为裂纹萌生、裂纹扩展和裂纹不稳定扩展三个阶段。裂纹萌生阶段受应力影响较小，时间较长，约占破裂总时间的90％。在黑水闪蒸工作系统中，$H_2S$、$CO_2$-CO 水溶液和阀体或流道材料之间形成了特定的介质和材料组合。工作应力、残余应力以及阀体由于内外温差而产生的热应力，共同形成了引发应力腐蚀所需的拉伸应力，其中由阀体铸造和几何形状引起的残余应力占主要部分。因此，SSCC 的发生很难避免。由于 SSCC 对材料表面状态较为敏感，裂纹常常起源于表面的缺陷或薄弱点（例如已存在的划痕、小孔、缝隙、露点腐蚀点或冲蚀磨损严重区域等）。溶液中的 $CO_2$ 又使黑水溶液的 pH 值降低，增加了阀体或管道材料对 SSCC 的敏感性。与此同时，前述发生的电偶腐蚀和露点腐蚀等进一步缩短了应力腐蚀裂纹萌生阶段所需的时间，尤其是在第一阶段形成的腐蚀点处。在第三阶段，经过第一和第二阶段各种腐蚀的共同作用，黑水阀体局部腐蚀会非常严重。阀体或局部流道长时间暴露在高温、高压和腐蚀性环境中达到一定程度时，在工作压力的作用下，就会导致泄漏发生。

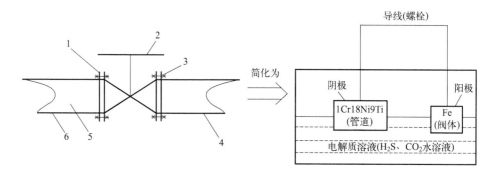

**图 2-3　电偶腐蚀示意图**

1—法兰；2—阀；3—螺栓；4，6—不锈钢管道；5—冷凝水（溶有 $H_2S$、$CO_2$ 等）

　　总之，上述分析结果认为黑水阀失效的主要原因是冷凝水的生成，导致了露点腐蚀、电偶腐蚀和 SSCC 的发生。同时，电偶腐蚀还进一步促进了 SSCC 的发展。这些腐蚀形式相互作用，共同导致了黑水阀的失效。这一研究仅仅考虑腐蚀因素而没有考虑流动冲刷以及固体颗粒的冲蚀磨损作用，获得的结果可靠性是存疑的。需要进一步研究腐蚀与固体颗粒的耦合作用，这也有助于理解腐蚀机制并采取相应的预防措施，以提高黑水阀的可靠性和使用寿命。

　　含有腐蚀性介质的液体在设备中流动时，尤其是流速超过一定范围时，会发生多相流腐蚀现象，这是石油化工、油气输送、海洋工程等多个领域的研究热点之一。国内外的科学研究人员已经对多相流动腐蚀进行了大量的研究，以探索多相流腐蚀的机理和特性，获得流动腐蚀的预测方法。这些研究对于我们更好地理解和应对多相流腐蚀问题具有重要意义。

这些研究获得了很多有意义的结果。如流动加速腐蚀的机制可以分为三个主要部分：亚铁离子的生成、氧化层的迁移和对流传输到主流中。在受影响的表面（基体金属）上存在两个界面，一个界面是基材金属和氧化金属之间的“金属-金属氧化物”界面，另一个界面位于金属氧化物和流体层之间的交界处。亚铁离子可以扩散到外层，并最终进入流体流动中。Subramania 等研究人员利用薄层活化探针对碳钢管道的流动加速腐蚀机理进行了研究，结果表明，腐蚀速率受 pH 值、温度、溶解氧、材料组分以及管道几何形状等多种因素的复杂影响。Aminullslam 和 Farhat 对管道内流动状态下不同钢材的腐蚀机理和腐蚀性能进行了比较研究，结果表明，冲蚀作用去除了表面的氧化产物，进一步加剧了管道的腐蚀程度。流动冲刷对腐蚀的影响依据腐蚀产物膜的性质。同时，腐蚀对基材表面的粗糙度产生影响，而冲刷作用也会对腐蚀过程产生影响。Zahedi 等研究人员通过多相流的数值模拟和冲蚀预测，对低含水率的环状流进行了研究。模拟结果显示，弯管区域的液膜厚度、液滴碰撞速度、颗粒液滴碰撞角以及液滴在弯曲方向上的碰撞次数分布与冲蚀特性之间存在着明显的相关性。Liman 和 Kusmono 进行了针对海底原油管道腐蚀的研究，采用外观检查、化学和机械特征分析，以及扫描电子显微镜（SEM）和 X 射线（EDX）分析，同时还进行了三电极电位技术的腐蚀试验。研究结果显示，电化学腐蚀与流动引起的腐蚀相互作用是管道快速腐蚀的重要因素。他们还重点研究了流体流量和含氯水相对腐蚀过程的影响，显示流动速度具有明显的临界特性，而氯离子可以加速腐蚀的速度。Zhou 等研究人员对 X52 材料在温度范围为 25～80℃ 的条件下在含有 $H_2S$ 溶液中的腐蚀情况进行了研究。结果显示，随着氢离子浓度的增加，管道的腐蚀速率也增加。此外，随着温度的升高，腐蚀垢的生成速度也加快。对黑水系统而言，因煤炭的含硫和高温因素导致的腐蚀速度更不可忽略。Peng 和 Zeng 进行了一项针对海底管道的实验研究，重点探究了多相流条件下二氧化碳分压、腐蚀介质速度、温度、腐蚀时间以及缓蚀剂对管道腐蚀的影响。研究结果显示，二氧化碳对管道产生了严重的局部腐蚀现象，腐蚀速率随着二氧化碳分压和速度的增加而增大。随着温度的升高，腐蚀速率先增大后减小的趋势也被观察到。在研究中，几种缓蚀剂被测试，并且它们在短时间内成功地抑制了局部腐蚀的发生。然而，大多数缓蚀剂并不能完全消除局部腐蚀的问题。对黑水而言，得到的启示是其中的二氧化碳溶解量控制会对腐蚀起到重要作用。Li 等人进行了多相流动腐蚀实验，使用浮动单元壁面探头测量含有二氧化碳酸性气体的多相流管道的壁面剪切应力。研究结果表明，在多相流动模式下，产生的壁面剪切应力并不足以对腐蚀产物保护膜和缓蚀剂造成机械伤害。这一发现揭示了在多相流环境中腐蚀过程的特点，即壁面剪切应力对腐蚀产物的稳定性和缓蚀剂的保护作用的影响有限。这可能是他们的实验中流速不够大的缘故。

针对超临界 $CO_2$ 环境下含纤维增强管道的腐蚀行为和机理的研究结果表明，超临界 $CO_2$ 的溶解作用对基体表面的点蚀产生了影响。通过分析元素组成和官能团的微小变化，他们确定了玻璃钢在超临界 $CO_2$ 环境中的腐蚀机理，其中物理溶解和水解反应起着重要作用。这提示我们要关注黑水中二氧化碳含量的控制。

Wang 等人对天然气环境下的三通管进行了实验和数值模拟研究。研究结果显示，由于三通管的立式结构，靠近三通下游处易形成低涡，从而导致管内流动特性发生根本变化。研究还表明，在高盐度水汽存在的情况下，会发生凝结现象并附着在主管道内壁表面形成致密的盐水。在腐蚀性介质的作用下，高剪切应力和液滴撞击应力以及电偶腐蚀所产生的电流共同作用，导致管道发生泄漏。这提示我们在黑水系统中，露点的存在是可能的，需要注意闪蒸汽在后续复杂管道中的流动变化导致结露从而引发腐蚀问题。

Huang 等人对 X65 碳钢在不同 pH 值和 $H_2S$ 浓度溶液中的腐蚀情况进行了研究。研究结果显示，硫化氢引起的腐蚀形成了晶体硫化亚铁或四方硫铁矿的腐蚀产物保护膜，这种膜对离子传输起到一定的阻碍作用。这些发现提供了关于腐蚀产物在钢铁表面上形成机制的重要见解，并揭示了防护膜对离子扩散的影响。

Jiang 等人对碳钢和含铬钢在流动加速腐蚀过程中的腐蚀行为进行了研究。通过使用流动回路仪和旋转圆筒仪测定失重和电化学性能，他们比较了两种钢材的腐蚀速率。研究结果显示，含铬钢的腐蚀速率低于碳钢，并且铬元素的加入能够提高低合金钢的耐流动加速腐蚀性能。在含有 $H_2S$ 和 $CO_2$ 环境条件下，Yu 等人进行了对低合金钢腐蚀特性的实验分析和理论研究。通过实验结果发现，组成材料的晶粒尺寸是影响其耐腐蚀性能的关键因素。他们观察到，随着热处理冷却速率的增加，晶粒尺寸变得更加细小，这进一步降低了腐蚀速率。此外，结合质量损失和表面腐蚀形貌的分析，他们也得出了相似的结论，即材料热处理冷却速率的增加有助于减缓腐蚀速率。这些结果对黑水系统的选材和制造具有一定的指导价值。

Qin 等人对 316L 不锈钢在火石熔盐中硫酸根离子的腐蚀影响进行了研究。研究结果显示，硫酸根离子会加速 316L 不锈钢在熔融火石中的腐蚀过程，并导致合金的晶间腐蚀加剧。此外，MnS 与钢基体之间的电偶作用还会进一步促进 316L 不锈钢在熔融氟盐环境中的晶间腐蚀。另一方面，Wen 等人总结了含硫化氢环境下碳钢腐蚀产物保护膜的最新研究进展。他们指出，在含 $H_2S$ 介质的管道中，$H_2S$ 溶解于液态水并电离为 $H^+$ 和 $S^{2-}$。在阳极反应条件下，铁会形成铁离子，在碳钢表面进一步形成 FeS 腐蚀产物保护膜。Karimi 和 Javidi 对 APIX52 碳钢材料在液态环境中受温度、NaCl 溶液和 $H_2S$ 溶液影响的腐蚀行为进行了研究。结果显示，在低温下腐蚀产物的生成受限，同时对微观原电池的影响较小。此外，NaCl 盐浓度对不同微观结构的腐蚀行为影响不明显。另外，研究还发现低浓度的 $H_2S$ 存在时，会形成 FeS 作为腐蚀产物，从而抑制腐蚀速率，高浓度的 $H_2S$ 则会加剧腐蚀。这说明 $H_2S$ 浓度对 APIX52 碳钢的腐蚀行为有重要的影响。这些研究揭示了含硫介质中的材料腐蚀加速机理，为黑水的腐蚀防护提供了参考。

国内外学者对多相流冲蚀机理进行了广泛的研究，他们采用了实验研究、数值模拟和电化学方法等多种手段，从不同的角度探索了管道内的流速、壁面剪切应力、传质系数、温度、pH 值、介质成分和浓度、材料的组分、冲击角度、管内介质压力以及腐蚀产物保护膜等因素对冲蚀机理的影响。通过实验研究，他们模拟了多相流环境中的冲蚀过程，通过观察和测量腐蚀的程度和形貌，深入了解了不同条件下的冲蚀特性。同时，数值模拟方法提供了对流动和腐蚀过程进行定量分析的手段，通过建立数学模型和计算流体力学方法，可以模拟不同参数下的流动速度、压力分布以及腐蚀剥蚀的程度。此外，电化学方法也被广泛应用于研究多相流冲蚀机理，通过测量电流和电位等电化学参数，可以揭示腐蚀过程中的电化学反应机制和相关影响因素。综合上述研究方法，国内外学者在多相流冲蚀机理的研究中取得了重要进展，为进一步理解和控制多相流冲蚀现象提供了有价值的理论和实验基础。但这些研究还存在很多不足之处，比如虽然提到了流速、壁面剪切应力、传质系数、温度、pH 值、介质成分和浓度、材料的组分、冲击角度、管内介质压力和腐蚀产物保护膜等因素，但未深入探讨它们之间的相互作用和影响程度。不同参数之间存在复杂的耦合效应，需要更深入的研究来揭示它们之间的关系，并且未深入讨论研究结果的工程应用和实际效果。

## 2.2 黑水固体颗粒的冲蚀磨损机理

### 2.2.1 冲蚀磨损机理

正如前文所述，煤化工黑水是一种含有大量高硬度固体颗粒的固液混合物，因此其介质具有高悬浮物含量、高温、高碱和高硬度等特性。此外，黑水中还含有氨、氯离子、硫化氢和磷酸等强腐蚀介质。这些固体颗粒常会沉积并堵塞阀门节流口，或者导致流体在节流口区域中带有高速运动的硬颗粒。这种情况严重磨蚀了阀芯、阀座、管道等关键零部件。因此，为了预测和防护煤气化黑水系统的失效，有必要从研究冲蚀磨损的机理入手，探索如何有效应对这一问题，这对于确保系统的稳定运行至关重要。

冲蚀磨损是含固多相流管道系统（如管道、阀门）中常见的失效模式，对设备的长期运行构成重要挑战。管道和阀门等装置在工业设备和重要工程中起着关键作用。然而，输送的流体介质成分通常复杂多样，实际运行条件与理论设计存在差异，因此准确预测冲蚀失效十分困难。这种情况容易导致严重的安全事故，如穿孔和爆炸，对人身和社会安全带来重大威胁。因此，我们需要深入研究冲蚀磨损机制，以提高对该失效模式的理解，并采取有效措施预防冲蚀失效，确保系统的安全可靠运行。

冲蚀磨损是常见的引起材料破坏、管道减薄和设备失效的现象。它实际上是在冲击载荷作用下，材料经历动态损伤和表面流失的过程，尤其是在高速输送过程中，硬质、不规则颗粒对材料的磨损更加严重。从早期的冲蚀磨损研究中可以得出结论，不同材料的冲蚀磨损机理是有差异的。冲蚀磨损的失效机理是多种因素耦合作用的结果，包括多相流动、颗粒特性、材料性能以及颗粒冲击过程等。在不同的冲蚀环境下，失效机理会有较大的差异，因此，研究者将冲蚀磨损机理的研究分为塑性材料和脆性材料两个方向进行。对于塑性材料，如金属和合金，材料的去除是由固体颗粒的微切削和微犁耕引起的。而对于陶瓷等脆性材料，能量从固体颗粒传递到目标材料的表面，这个过程会导致材料的变形、裂纹的发生和扩展，最终导致表面的碎片剥离。图 2-4 展示了塑性和脆性材料冲蚀磨损破坏行为的机理。

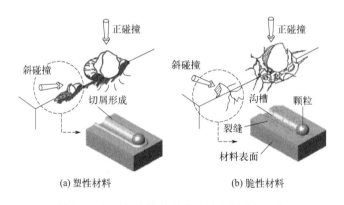

**图 2-4　塑性与脆性材料的冲蚀磨损破坏行为**

自 20 世纪中期开始，学者们便致力于揭示颗粒冲蚀磨损的形成机理以及预测其过程中的规律。研究者们对颗粒冲蚀磨损机理展开了深入研究，以探索颗粒冲蚀磨损的机理，更好地理解其形成原因和运行规律。

Finnie 在对磨损形成原因的研究中指出，颗粒的切向刨削作用是导致磨损的主要原因。1958 年，Finnie 建立了首个完整的定量冲蚀磨损理论，并提出了第一个冲蚀计算公式，该模型用于计算壁面的体积损失。他于 1960 年又提出了一个较为完整的冲蚀磨损模型，探讨了颗粒数量、颗粒冲击速度和颗粒冲击角度对塑性材料磨损的影响。该模型基于假设，忽略了颗粒在冲击过程中的旋转，并假设颗粒与表面接触时的高度与切削深度之比保持不变。在此基础上，通过获取冲击时间，可以计算出磨损速率。Finnie 在他的模型中主要提出了两种假设：当颗粒的冲击角较大时，冲击时间为颗粒接触表面至切向运动停止；当颗粒的冲击角较小时，冲击时间为颗粒接触表面至离开表面。然而，这些假设存在一定限制，例如当颗粒的冲击角度为 90°时，实际上不存在切向运动。这一研究成果为冲蚀磨损的理论研究提供了重要的基础，Finnie 的模型公式为：

$$V = \frac{MU^n}{p} f(\alpha) \tag{2-9}$$

式中　　$V$ ——材料的磨损体积，$m^3$；

$\quad\quad$ $M$ ——冲蚀颗粒的质量，kg；

$\quad\quad$ $U$ ——冲蚀颗粒的速度，m/s；

$\quad\quad$ $n$ ——磨损体积对冲击速度的依赖度；

$\quad\quad$ $p$ ——靶材的屈服强度，即颗粒与靶材之间弹性流动应力的大小，Pa。

固体颗粒入射角的表达式如下：

$$f(\alpha) = \begin{cases} \sin 2\alpha - 3\sin^2\alpha & 0 < \alpha \leqslant \alpha_0 \\ \dfrac{1}{3}\cos^2\alpha & \alpha_0 < \alpha < 90° \end{cases} \tag{2-10}$$

式中　　$\alpha$ ——粒子攻角，(°)；

$\quad\quad$ $\alpha_0$ ——临界冲击角，(°)。

Finnie 在将理论计算与实验数据进行比较后注意到，当冲击角较小时，理论计算值与实验值之间有较高的一致性，而当冲击角较大时，理论计算值则偏低于实验值。这表明在较小冲击角度下，该冲蚀磨损模型能够较准确地预测实际情况，但对于较大冲击角度情况下的预测存在一定的偏差。这可能是由于在大冲击角度下，颗粒的运动特性与假设的切向运动有所不同，导致理论计算结果与实际情况有所偏离。

Bitter 的研究也支持了颗粒切向刨削在冲击过程中的主导作用，同时他指出材料表面形变也会导致磨损。于是在 1963 年，他提出了一种基于能量守恒和赫兹接触理论的冲蚀磨损模型。研究发现，对于脆性材料来说，随着冲击角度的增加，由于形变引起的磨损也相应增加；对于塑性材料而言，理论计算值与实验值存在较大差异。接着，Deng 等人在 Finnie 和 Bitter 的研究基础上，通过检验自旋颗粒与目标表面接触点的有效速度，引入了颗粒自旋，并建立了一个定量模型来解释颗粒自旋方向对冲蚀磨损的影响。研究结果显示，当颗粒冲击靶材时，如果颗粒自旋为下旋，则其冲蚀磨损速率高于自旋为上旋或无自旋时的冲蚀磨损速率。当切削方式占主导地位时，低冲击角度下靶材的冲蚀磨损速率差异更为显著。此外，Hutchings 研究了塑性材料的应变体积与压痕体积之间的关系，并在临界塑性应变准则的基础上提出了针对塑性材料的局部变形磨损理论。研究结果得出了临界最大塑性应变值，通过该应变值可以确定是否发生冲蚀磨损。

Sheldon 在 1966 年提出了首个脆性材料的冲蚀理论，这一理论主要关注球形颗粒对脆性材料的冲击效应。他的研究模型包含了多个关键要素，如图 2-5 所示。通过实验和理论分析，从裂纹扩展的角度，Sheldon 揭示了颗粒速度等因素对脆性材料冲蚀行为的影响。

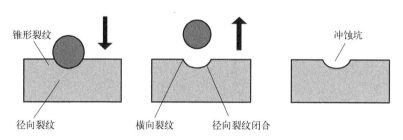

**图 2-5　球形颗粒对脆性材料的冲击**

1979 年，Evans 提出了弹塑性压痕破裂理论，该理论指出在压痕区域发生了弹性变形的现象。从开始的弹性区域出发，通过主导载荷的作用，中间裂纹逐渐向下扩展形成径向裂纹。图 2-6 展示了这一机理的过程。Evans 的理论揭示了在冲蚀过程中的弹塑性行为对于材料破裂的重要影响。

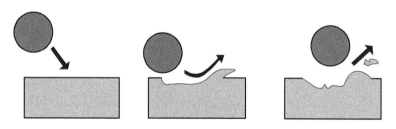

**图 2-6　弹塑性压痕破裂理论示意图**

同时，他先假设在冲蚀过程中，颗粒对靶材不会造成任何损害，而在这个过程中接触力则包含了动态应力，正是有这些力的作用后才导致材料的损伤。基于这一假设，Evans 提出了相应的体积损耗量公式，用于计算冲蚀过程中材料的损失情况。

$$V \propto v_0^{3.2} r^{3.7} \rho^{1.58} K_c^{-1.3} H^{-0.26} \tag{2-11}$$

式中　$V$——体积损耗量，$m^3$；

$v_0$——颗粒冲击速度，m/s；

$\rho$——固体颗粒密度，kg/m³；

$r$——颗粒半径，m；

$K_c$——材料的断裂韧性，MPa·m$^{1/2}$；

$H$——材料硬度。

这种方法考虑了颗粒与靶材的相互作用，并通过对接触力和应力的分析来定量描述冲蚀过程中的材料破坏。这为冲蚀磨损的机理研究和冲蚀性能的预测提供了一种有效的方法。1979 年，Tilly 提出了二次冲蚀理论，运用电子显微技术、PIV 技术以及筛分法等综合分析方法进行研究。研究结果显示，碰撞磨损过程可以分为两个主要部分。一部分碰撞磨损是由于固体颗粒的入射方式不垂直，导致管道壁面发生切削磨损；另一部分碰撞磨损是由于第一部分中的固体颗粒破裂所产生的。

1992 年，Hutchings 提出了单点腐蚀的切削理论，该理论通过对实验结果的详细分析和研究，获得了固体颗粒造成的冲蚀速率。

$$E = 0.033 \frac{\alpha \rho \sigma^{0.5} v^{0.3}}{\varepsilon_c^2 p^{1.5}} \tag{2-12}$$

式中　$E$——材料冲蚀的质量损耗率；

$\alpha$——靶面压痕的体积分数；

$\rho$——材料密度，kg/m³；

$\sigma$——粒子密度，kg/m³；

$v$——冲击速度，m/s；

$\varepsilon_c$——材料的冲蚀磨损塑性；

$p$——材料对冲击粒子的压入抗力。

随着实验技术和高速摄影技术的不断进步，研究人员发现相比于球形颗粒，具有尖锐棱角的颗粒会导致更严重的冲蚀磨损。为了揭示颗粒形状对冲蚀磨损的影响机制，研究者们引入了颗粒形状的概念，并提出了多种描述颗粒形状的方法。其中，最简单且常用的方法是 Riley 于 1941 年提出的颗粒圆度系数（Circularity Factor，CF）：

$$CF = \frac{4\pi A}{P^2} \tag{2-13}$$

式中，$A$ 为投影面积；$P$ 为粒子周长。颗粒圆度系数用于衡量颗粒的圆度，其数值越接近于 1 表示颗粒形状越接近于球形，而数值越接近于 0 则表示颗粒形状越不规则。通过对颗粒圆度系数的计算，我们可以定量评估颗粒形状对冲蚀磨损的影响程度，因此广泛应用于冲蚀磨损的研究。

Walker 等人利用颗粒圆度系数（CF）对颗粒形状的定义，研究了不同颗粒形状对白铸铁的磨损影响。他们发现白铸铁的磨损率与颗粒圆度系数成反比幂律关系。这一发现引起了研究者们的重视，于是许多研究者开始展开各自的研究工作。

除了颗粒形状外，颗粒大小也被认识到对冲蚀磨损有着重要影响，因为颗粒大小决定了相同速度下颗粒的动能。实验研究获得了材料磨损率与固体颗粒直径之间的关系：

$$E \propto (d)^n \tag{2-14}$$

在大量的实验及案例中，研究者发现 $n$ 约等于 1。颗粒大小与磨损率呈线性相关关系。然而，Tilly 针对 $20 \sim 200\mu m$ 范围内不同粒径颗粒对塑性材料的冲蚀磨损进行了实验研究，发现颗粒大小与磨损率的线性关系并非无限持续。具体而言，当颗粒粒径超过 $100\mu m$ 时，磨损率对颗粒粒径的敏感性显著降低。此外，研究者们还发现随着颗粒粒径的变化，磨损机理也会发生改变。当颗粒粒径大于 $200\mu m$ 时，磨损主要由颗粒的刨削引起；而当颗粒粒径小于 $200\mu m$ 时，颗粒的挤压效应成为磨损的主要驱动因素。这一发现揭示了颗粒粒径对磨损机理的重要影响，为进一步理解和预测冲蚀磨损提供了深入的认识。

为了深入了解颗粒的冲蚀磨损机理，我们需要考虑材料性质、颗粒性质以及工况条件对冲蚀磨损的影响。针对特定的颗粒和靶材特性，必须进行详尽的理论和实验研究。通过分析实验数据，探究颗粒粒径、形状等物性参数与冲蚀磨损之间的关联，同时还要考虑冲击角度、冲击速度等工况因素。这样的研究不仅可以修正现有的经验模型，还可以开发出更精确的数值计算方法，以更准确地预测和评估冲蚀磨损的程度。这对于实际工程应用具有重要意义，为我们提供可靠的指导和决策依据，以优化材料选择、设计和维护策略，提高设备的耐久性和可靠性。此外，还需要进一步研究不同颗粒形状、大小等因素对冲蚀磨损机理的影响，以完善我们对冲蚀磨损行为的理解，并为防护措施的制定提供科学依据。

## 2.2.2 冲蚀磨损特性实验装置

设备磨损程度受多个复杂耦合的因素影响，在磨损机理研究中，我们发现主要因素可以分为三个方面：流场因素、磨料因素和靶材因素。首先是流场因素，包括流体流动诱导的固体颗粒对靶材的冲击角度、冲击速度、冲击时间和温度等。其次是磨料因素，包括磨料颗粒硬度、形状、密度和韧性等。最后是靶材因素，包括材料的硬度、强度、韧性、表面光洁度、金相组织结构和涂层材料结合强度等。这些因素在各种计算模型中扮演着重要角色，并与材料本身的性质密切相关，需要通过实验来获取相关参数。深入研究这些因素的相互作用和影响，可以帮助我们更好地理解设备磨损的机理，并为材料选择、工艺设计和设备维护提供科学依据。因此，我们需要进行综合实验研究，以建立准确的模型和计算方法，进一步揭示设备磨损的机制和预测方法，以实现设备的优化设计和长期可靠运行。

对于黑水闪蒸调节阀门及附属系统常用的耐磨材料，研究团队采用了气固冲蚀实验装置研究它们的磨损特性。实验装置的流程如图 2-7 所示，主要包括供气部分、进料部分、实验部分和尾气处理部分。通过这个实验装置，我们能够模拟实际工况下的靶材的冲蚀磨损情况，并对耐磨材料的性能进行评估。这项实验工作的目的是寻找适用于黑水闪蒸调节阀门的耐磨材料，并提供构建材料冲蚀磨损模型的参数，为黑水系统设备的寿命预测和优化设计提供科学依据和技术支持，以延长设备的使用寿命和提高工作效率。

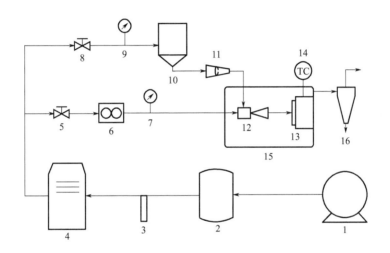

**图 2-7　连续式高温高速冲蚀磨损实验装置流程图**

1—空气压缩机；2—储气罐；3—除油器；4—干燥器；5，8—调节阀门；6—流量计；7，9—压力表；

10—储料罐；11—颗粒进料控制器；12—混合喷射器；13—试件台；14—温度控制器；

15—实验箱；16—旋风分离器

在供气部分，采用以下设备和步骤来实现空气供应：首先，空气经过空气压缩机 1 进行增压，然后进入储气罐 2。储气罐的作用不仅在于储存空气，还能减少由于压缩机排气不连续而产生的压力脉动，从而实现供气和用气的平衡。一旦储气罐的压力稳定，打开储气罐的出口，使高压气体依次通过除油器 3 进行除油处理，并通过干燥器 4 进行除湿处理。接下来空气被分为两部分：一部分通过调节阀门 5、流量计 6 和压力表 7 供给实验部分，实现制定的实验气流速度；另一部分则通过调节阀门 8 和压力表 9 供给进料部分，使进料装置内保持一定的压力以方便进料。通过这样的供气流程，我们能够提供稳定的空气流量和压力，满足实验和进料部分的需求。

在进料部分，采取了以下步骤来确保实验中固体颗粒的供给：首先，将实验所需的固体颗粒装入储料罐 10 中。然后，通过颗粒进料控制器 11，对颗粒进行控制以达到相对稳定的加料速率，并将颗粒引入实验部分。实验中确保颗粒的稳定供给和加料速率的控制，提供可靠的实验条件。

在实验部分，采取以下步骤来模拟冲蚀磨损情况：先将来自供气部分的高压气体与进料部分的固体颗粒通过混合喷射器 12 混合，形成高速的气固两相流。然后，该两相流冲击着试件台 13 上的试件，引起冲蚀磨损现象。为了控制试件的温度，试件台上还配备了加热器，通过温度控制器 14 进行温度调节。整个冲击过程在实验箱 15 内进行，以确保实验的控制和安全。实验完成后，沙粒进入实验段底部的沙粒回收器，以便进行回收和后续分析。

在实验结束后，我们对实验箱中颗粒冲击产生的尾气进行处理。尾气先通过旋风分离器 16 分离，将大部分固体颗粒与气体进行有效分离。随后，尾气进入后续的布袋除尘，进一步去除残留的更加细小的固体颗粒，确保尾气的清洁排放。

为了在实验室加速材料的磨损，我们需要获得较高的颗粒速度，以便更清楚地观察磨损现象并获取准确的磨损测量结果。为此，通过气固混合喷射器获得高速固体颗粒。喷射器的结构示意图如图 2-8 所示，其中动力气源从左侧进入，经过一段变径收缩，形成高速流，并在混合室内形成负压，吸引上方进料口的磨料进入混合室。混合后的气固两相流经过二次变径收缩，并在出口处略微扩张，再次形成高速流，从而使颗粒速度得到充分提高。根据理论计算，喉部气体流速非常高，达到 $v = 316.94\mathrm{m/s}$，能够满足实验加速的需求。

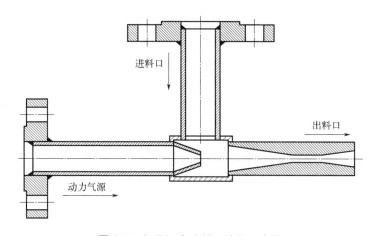

**图 2-8 气固混合喷射器结构示意图**

为了获得实验装置中固体颗粒撞击靶材时的速度及其分布规律，我们对实段进行了数值模拟，以准确给出固体颗粒冲击靶材前的流场状况。为此建立了气固混合喷射器的流场计算三维模型，如图 2-9 所示。在模型中，左侧是喷射器的流道结构，右侧是简化的实验箱流场计算域，中间是简化的试件实体表面。通过使用 ICEM 软件对流场区域进行网格划分，并对喷嘴流道区域进行加密处理，得到高质量的网格结构。

在实际实验中，混合喷射器入口前的压力表读数为 0.55MPa，由此在数值模拟中将其作为仿真计算的气流入口边界条件。图 2-10 给出了针对实验条件的数值模拟获得的磨料颗粒速度的分布图。模拟结果显示，在喷射器喉部附近，磨料颗粒的速度超过了 210m/s。而在靶材试件的表面附近，观察到大部分颗粒朝向试件表面冲击，其速度约为 180m/s。同时观察到，另一部分颗粒在撞击后以 50~80m/s 的速度反弹回来。这样的磨料颗粒速度分布能够很好地满足实验加速冲蚀磨损的需求。

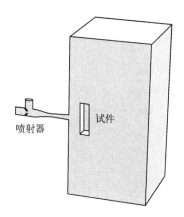

**图 2-9 喷射器流场计算域剖面图**

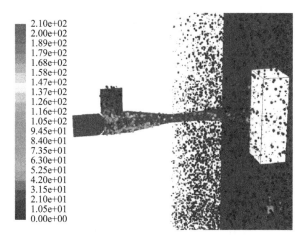

**图 2-10 磨粒速度分布图（单位：m/s）**

为了分析材料磨损量随时间的变化规律，实验中设计了进料控制系统，以获得较为稳定的颗粒进料速率。该系统包括四个关键部件，其结构如图 2-11 所示。首先，磨料颗粒按预定的量加载入储料罐。在实验运行时，打开漏斗开关，使颗粒以一定速率进入螺旋秤。通过螺旋叶片的推动，颗粒顺利进入锁气机。锁气机能够隔断上下两边的气压，并将颗粒顺利输送到下方实验部分的气固混合喷射器中。通过这样的进料控制系统，我们能够获得稳定的颗粒进料速率，便于对材料磨损量随时间的变化规律进行分析。

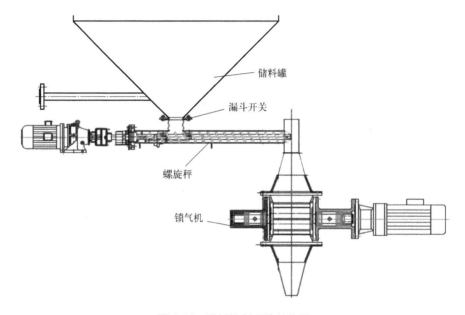

**图 2-11　进料控制系统结构图**

实验测量了进料速率，并将结果列在表 2-5 中。实验过程中，分别加载了 5 份磨料，每份磨料之间间隔 1kg，同时保持漏斗开关大小、螺旋秤转速和供气压强等其他因素不变。当漏斗开关打开时，开始计时，并观察磨料从漏斗中流出的过程。当观察到漏斗开关处的磨料完全漏完时，结束计时，并记录所用时间，这个时间即为磨料冲击靶材所用的时间。

▫ **表 2-5　实验进料速率测量结果表**

| 磨料量/kg | 所用时间/s | 进料速率/（g/s） | 平均速率/（g/s） |
| --- | --- | --- | --- |
| 2 | 190 | 10.5 | |
| 3 | 340 | 8.8 | |
| 4 | 416 | 9.6 | 9.04 |
| 5 | 600 | 8.3 | |
| 6 | 750 | 8.0 | |

从表格中的数据可以看出，每次磨料进料速率略有差异，这与实际落料时最后残余磨料的漏量不均匀有较大关系。当储料罐锥体处的磨料中间部分漏完后，残留在存料罐壁面上的磨料在下落时会略有停顿和减少，而且时间记录采用人工计数，故实验测出的落料时间会存在一定偏差，但其落料量基本保持在（9.04±1.5）g/s 的范围内。另外，实验观察到的落料除了最后残余量不均匀外，其他时间都成一条笔直的流线，磨料的落料量可以被认为是相对稳定的，其大部分时间磨料对试件的冲击可以看成是均匀进行的。这里采用磨损损失质量与磨料质量的比值作为相对磨损率，其对时间的测量并不看重，而是需要颗粒以稳定的质量流量冲击靶材。该实验在绝大部分时间内能满足要求，故可接受此进料控制系统和速率大小范围。

试件温度和冲击角度一直是磨损研究的关注点。在实际生产中，设备装置常常处于高温工况下，因此设备材料在高温下的磨损和力学性能的表现直接影响着设计选材的安全性和成本效益。此外，材料在不同温度下可能发生脆性和塑性转变。通常，材料在高冲击角度和低冲击角度下表现出不同的磨损机理，这可以作为评判塑性材料和脆性材料的标准之一。为了确定温度和角度的可行性，该实验对实验段试件台进行了温度和角度的可调设计。

实验段的设计结构如图 2-12 所示，主要由实验箱和试件台组成。实验段的进气喷嘴通过前部的圆孔引入气流，高速含固体颗粒的气流通过喷嘴对试件进行冲击。实验段底部设有一个固定的斜坡作为沙粒回收器，方便收集冲击试件后的沙粒，而尾气则通过右侧出口进入后续处理。这样的设计结构可以有效地进行冲蚀磨损实验，并方便后续的沙粒处理。

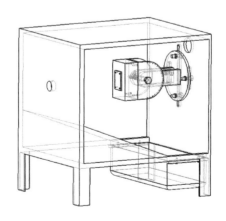

**图 2-12　实验箱及试件台三维图**

试件台由试件夹具、加热器、刻度盘和底座四个部分组成，它们共同实现实验台的功能。试件台通过螺钉连接牢固地固定在实验箱的尾部，并具备上下移动的功能。试件通过特制的夹具进行固定，如图 2-13 所示，夹具中间设置了镂空部分，以确保试件表面与试件台的加热器能够直接贴合；加热器采用铜块制造，内部包含加热电阻丝和用于监测温度的热电偶，试件与加热器的表面保持紧密接触以实现高温加热；试件台还可以根据刻度盘上的标度实现 $0°\sim90°$ 的旋转，以满足实验对冲击角度的要求。

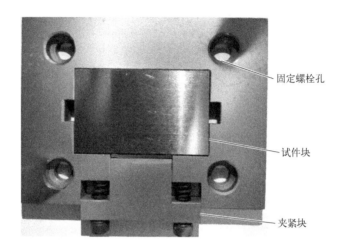

**图 2-13　试件夹具及试件块**

根据实际温度测量结果，获得的曲线图如图 2-14 所示。首先，将加热器置于最大功率进行持续加热，试件温度逐渐升高至预设温度。然后，开始冲击喷射，由于高速气流带走了大量的热量，加热器难以维持稳定的高温，导致试件温

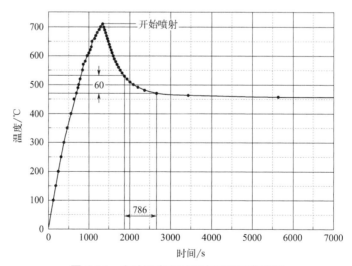

**图 2-14　实验温度随时间变化结果曲线图**

度缓慢下降。从图中可以观察到，在没有气流冲击的状态下，加热器能够持续升温，当温度超过 600℃时，升温速度逐渐变缓。这里选择在 710℃时开始供气喷射实验，此后温度呈线性下降趋势，在低于 600℃后下降速度变得越来越缓，最终稳定在 458℃左右。

由此可知，在流动状态下，加热器最大功率能维持的动态平衡温度在 458℃，低于此温度时可以通过调节加热功率设置加热器的温控值。从图 2-14 中发现，曲线出现了 (500±30)℃的温度区间，并且这一区间的供气喷射状态持续了 786s，此时间范围大大超过落料冲击有效时间范围 600s，故 500℃的温度变量可以通过记录一个相差不大的温度范围来实现。

### 2.2.3 黑水系统常用耐磨材料的冲蚀磨损特性

在上述的实验装置中对黑水系统常用的耐磨材料进行了冲蚀磨损实验，并得到了一些材料的磨损性能数据。通过将试件冲蚀磨损损失的质量与磨料质量取比值，计算得到了材料的相对磨损率。这个数值综合考虑了颗粒和材料两者的影响，较好地反映了特定材料在特定颗粒冲击下的抗磨损性能。其材料的相对磨损率表示如下：

$$E = \frac{\Delta m_t}{m_p} \tag{2-15}$$

式中，$E$ 为相对磨损率，g/kg；$\Delta m_t$ 为试件失重量，g；$m_p$ 为冲击所用的颗粒质量，kg。

在实验中，使用电子分析天平来测量试件的质量。为确保测量的准确性，在实验前后采取了一系列步骤来处理试件。首先，使用超声波清洗器清洗试件表面，以去除任何附着物。然后，使用热吹风进行干燥，确保试件表面干净、无水分。接下来，进行 10 次质量测量，并取其平均值作为试件实验前后的质量差，这个差值即为冲蚀磨损掉的质量。

实验采用 $SiO_2$ 作为磨料颗粒，其硬度为 1100HV，密度为 2.63g/cm³。通过使用电子扫描电镜观察实验前后的颗粒形态，如图 2-15 所示。可以清晰地看到实验前的颗粒外形较为完整，平均粒径大小约为 150μm。然而，在冲击后，颗粒明显发生了破碎，且棱角变得更加尖细。为确保实验的一致性，不再回收和重复使用已经经过冲击的磨料颗粒。

通过实验方法，对多种煤化工黑水系统常用耐磨材料进行磨损实验，旨在探究其抵抗磨料磨损的性能，并分析不同因素下材料的宏观和微观破坏形貌及机理。实验首先以 NiWC35 涂层材料和烧结 WC 材料为例，设计了不同的实验方案，其中包括考察磨料量增加时的冲蚀磨损进化过程、不同试件温度下的磨损性

| (a) 实验前 | (b) 实验后 |

**图 2-15　实验磨料颗粒微观形貌**

能以及不同角度下的磨损性能。具体的实验方案见表 2-6 和表 2-7。采用电子分析天平、扫描电子显微镜和超高速轮廓测量仪等工具对实验结果进行测量和分析，磨损量则通过失重法称重进行测量。

⊡ **表 2-6　NiWC35 涂层材料冲蚀磨损实验方案**

| 实验序号 | 试件编号 | 磨料量/kg | 试件温度/℃ | 冲击角度/（°） | 磨损质量/g |
|---|---|---|---|---|---|
| 1 | YDCS06-03 | 1 | 25 | 90 | 0.36 |
| 2 | YDCS06-02 | 2 | 25 | 90 | 1.39 |
| 3 | YDCS06-01 | 3 | 25 | 90 | 3.79 |
| 4 | YDCS06-04 | 4 | 25 | 90 | 4.32 |
| 5 | YDCS06-05 | 5 | 25 | 90 | 6.52 |
| 6 | YDCS06-06 | 2 | 280 | 90 | 2.54 |
| 7 | YDCS06-07 | 2 | 400 | 90 | 3.31 |
| 8 | YDCS06-08 | 2 | 500 | 90 | 3.38 |
| 9 | YDCS06-09 | 2 | 25 | 60 | 5.26 |
| 10 | YDCS06-10 | 2 | 25 | 45 | 5.44 |

⊡ **表 2-7　烧结 WC 材料冲蚀磨损实验方案**

| 实验序号 | 试件编号 | 磨料量/kg | 试件温度/℃ | 冲击角度/（°） | 磨损质量/g |
|---|---|---|---|---|---|
| 1 | YDCS03-01 | 2 | 25 | 90 | 0.24 |
| 2 | YDCS03-05 | 3 | 25 | 90 | 0.79 |
| 3 | YDCS03-10 | 4 | 25 | 90 | 0.54 |
| 4 | YDCS03-06 | 5 | 25 | 90 | 0.85 |
| 5 | YDCS03-03 | 6 | 25 | 90 | 0.88 |

| 实验序号 | 试件编号 | 磨料量/kg | 试件温度/℃ | 冲击角度/(°) | 磨损质量/g |
|---|---|---|---|---|---|
| 6 | YDCS03-02 | 4 | 280 | 90 | 0.61 |
| 7 | YDCS03-07 | 4 | 400 | 90 | 0.66 |
| 8 | YDCS03-04 | 4 | 500 | 90 | 0.83 |
| 9 | YDCS03-08 | 4 | 25 | 60 | 0.62 |
| 10 | YDCS03-09 | 4 | 25 | 45 | 1.01 |

实验后，使用超高速轮廓测量仪 LK-G5000 对试件上的冲蚀坑进行了采集。该仪器具有 0.001mm 的高精度，能够准确分析冲蚀坑的形貌轮廓。如图 2-16 所示，首先在试件的平整部分选取基准点，然后调整测试台使激光准确照射在凹坑的中心位置，通过一次平移操作，可以获取到凹坑沿中心线的轮廓数据，包括凹坑的最深点以及凹坑的形貌特征。

**图 2-16　超高速轮廓测量仪**

NiWC35 涂层是一种经典的抗磨粒磨损喷焊材料，由 65％ 的 Ni60 和 35％ 的普通 WC 组成。该涂层技术成熟，广泛应用于实际生产中，特别适用于黑水角阀阀芯头部的耐磨保护。它采用等离子转移弧（PTA）工艺将粉末状的 Ni60 和 WC 颗粒焊接到 316L 不锈钢基层上，实现冶金级黏结，并在基层上形成耐磨涂层，具有卓越的耐腐蚀性和耐磨性。涂层的规格尺寸为 40mm×65mm，总厚度为 10mm，确保有效地提供耐久性和保护性能。详细的化学成分如表 2-8 所示，涂层的具体参数包括硬度、密度、黏结强度等，部分参数见表 2-9。该涂层的独特性能和可靠性使其成为黑水系统中重要的耐磨材料。

☑ 表 2-8　NiWC35 涂层材料典型化学成分（质量分数） ％

| C | Cr | B | Si | Fe | W | Ni |
|---|----|---|----|----|----|----|
| 2.3 | 10 | 2.5 | 2.9 | 10 | 28 | 余量 |

☑ 表 2-9　NiWC35 涂层材料试件参数

| 试件编号 | 涂层材料 | 基材 | 工艺方式 | 规格/mm×mm | 总厚度/mm | 实测涂层净厚度（平均）/mm | 实测涂层硬度（平均） |
|---|---|---|---|---|---|---|---|
| YDCS06-01～10 | NiWC35 | 316L | PTA | 40×65 | 10 | 2.5，3，3.5 | 53～56HRC |

随着磨料量的增加，试件表面的冲蚀磨损形貌发生显著变化，如图 2-17 所示。当磨料量为 1kg 时，试件表面出现明显的圆形冲击印记，直径约为 24mm，

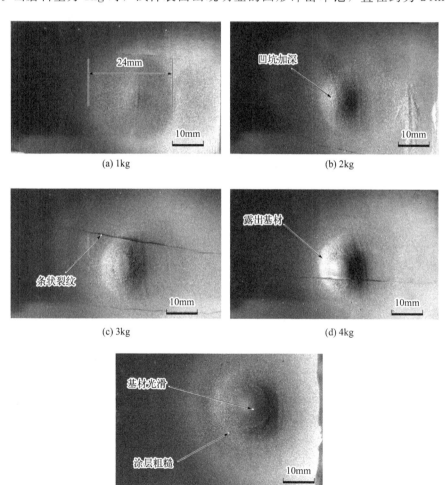

(a) 1kg

(b) 2kg

(c) 3kg

(d) 4kg

(e) 5kg

图 2-17　NiWC35 涂层试件在不同磨料量下的冲蚀磨损形貌

并伴有小凹坑。随着磨料量增加至 2kg，冲击坑明显加深；而当磨料量为 3kg 时，深坑继续加深，并出现较大的条形裂纹。当磨料量增至 4kg 时，涂层甚至完全被冲蚀，试件中心的基材暴露出来。当磨料量达到 5kg 时，凹坑变得更加深入，基材和涂层之间的密实性差异清晰可见，中心处裸露的基材表面光滑，周围的涂层则稍显粗糙。试件表面的这些变化清楚地展示了磨料量对冲蚀磨损形貌的影响，验证了磨料量与磨损程度之间的关联性。

采用超高速轮廓测量仪对试件表面的凹坑进行扫描，得到凹坑深度-半径曲线，如图 2-18 所示。从曲线图中可以观察到，随着磨料量的增加，冲蚀凹坑的深度显著增长。当磨料量从 1kg 增加至 2kg 时，凹坑深度稳步增加。而当磨料量增至 3kg 和 5kg 时，由于凹坑深度已经超过涂层厚度，开始对相对较软的基材产生冲蚀磨损，因此凹坑深度的变化量要大于仅冲蚀涂层的情况。此外，当磨料量为 4kg 时，凹坑深度并不显著增加，这可能是由于其表面具有较高的脆性硬度，导致冲蚀磨损产生的龟裂纹较多。然而，在凹坑的半径方向上，随着磨料量的增加，冲蚀凹坑面积的扩张并不明显。这反映了混合喷射器喷出的高速气固两相流在冲击点附近具有较强的聚集性，扩散性较弱，冲击能量密度足够。综上所述，磨料量对该涂层材料的冲蚀磨损具有显著影响，呈现出大致线性增长的趋势，然而凹坑形状的变化引发了其他因素的显著影响。

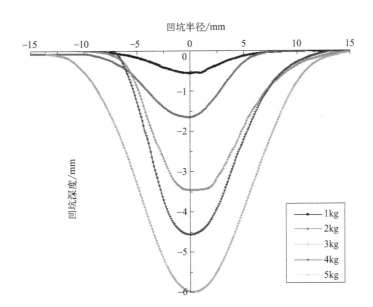

**图 2-18** NiWC35 涂层试件在不同磨料量下的冲蚀坑深度-半径曲线

在不同温度下，通过观察实验后试件表面的冲蚀磨损形貌，如图 2-19 所示，可以明显看出，温度对材料的冲蚀磨损有显著影响。随着温度的升高，冲蚀凹坑表面变得越来越粗糙，出现了许多可以触摸到的小麻点，而在室温下的冲蚀坑则相对较光滑。此外，随着温度的升高，磨损量也增大，当温度达到500℃时，试件表面的涂层已完全被冲刷掉，凹坑中央露出光滑的基材。为进一步研究微观形貌，采用线切割方法切割出一个较小的试件，并通过电子显微镜进行观察和分析。

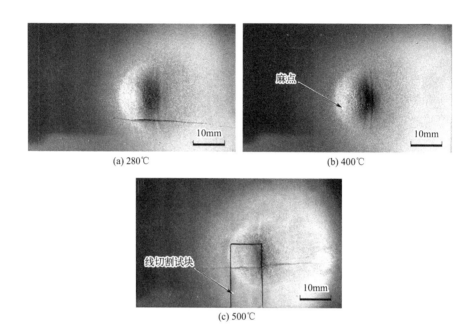

图2-19 NiWC35涂层试件在不同温度下的冲蚀磨损形貌

利用电子显微镜对试件切割下来的小块样品进行横截面扫描，得到涂层与基材的结合形貌，如图2-20所示。图2-20（a）和（b）分别对应100倍和200倍放大的扫描图像，清晰展示了涂层材料与基材之间的明显区别。在图2-20（a）中，可以观察到涂层材料表面分布着许多小而坚硬的颗粒，而基材316L不锈钢的表面相对更为致密和平滑。在图2-20（b）中，可以明显看到涂层一侧存在大量的孔隙，使得涂层的质地相对疏松。这种孔隙结构也是实验中容易出现开裂现象的一个原因。

对靶材试件上的冲蚀凹坑也使用电子显微镜扫描后，可以观察到材料表面的微观形貌，如图2-21所示。图2-21（a）展示了冲蚀坑刚好冲蚀到基材时涂层与基材的交界面图。可以明显观察到，基材表面位于图像的左下角，相对呈现出光滑平整的特征，而涂层材料位于图像的右上角，其中存在许多硬质相镶嵌在Ni基材中。

进一步观察图2-21（b），可以发现这些硬质颗粒呈球形，并且其周围的粘接

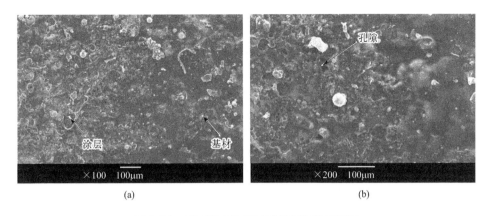

(a)　　　　　　　　　　　　　　(b)

**图 2-20**　NiWC35 涂层试件横截面微观形貌

剂已经被冲蚀掉，硬质颗粒凸出并抵抗磨料的冲击。

　　此外，图 2-21（c）和（d）为放大 1000 倍后观察到的凹坑内不同硬质体的形貌。当硬质体周围的粘接基体被冲蚀得过多，无法稳固硬质体时，硬质体被整体冲掉，留下了单个硬质体坑。从图 2-21（d）中可以看到，在硬质体周围的粘接基体仍然稳固的情况下，硬质体的凸出部分直接被破碎掉。这表明硬质体的硬

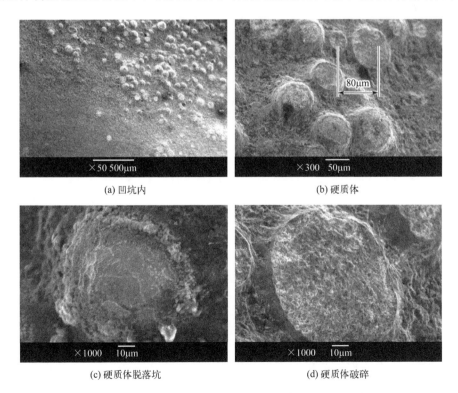

(a) 凹坑内　　　　　　　　　　　　(b) 硬质体

(c) 硬质体脱落坑　　　　　　　　　(d) 硬质体破碎

**图 2-21**　NiWC35 涂层试件冲蚀凹坑表面的微观形貌

度并不太高，其直径约为 $80\mu m$，相比于烧结 WC 的硬质体颗粒而言，尺寸显得过于粗大。

通过以上分析可以得知，采用 NiWC35 涂层材料的工艺存在一些缺陷，如高孔隙率、硬质体分布疏松以及硬质体颗粒较粗大等。这些缺陷导致实验试件容易产生较大的冲蚀凹坑。

通过超高速轮廓测量仪对试件表面的凹坑进行测量，得到凹坑深度-半径曲线如图 2-22 所示。从图中可以观察到，随着温度的升高，冲蚀凹坑的深度显著增大。当温度达到 500℃时，凹坑的深度已接近使用 4kg 磨料时的深度，相当于 2 倍磨料量。这一结果表明温度对冲蚀凹坑的形成有明显影响。

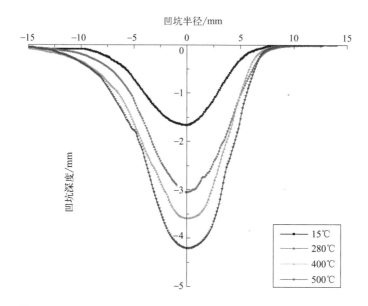

图 2-22　NiWC35 涂层试件在不同温度下的冲蚀坑深度-半径曲线

在不同的冲击角度下，试件表面的冲蚀磨损形貌如图 2-23 所示，在实验中，事先约定试件的长度方向为 $y$ 方向，宽度方向为 $x$ 方向。从图中可以清晰地看到，高速气固流从试件的左侧射入，并从右侧弹出。凹坑的形貌显示出明显的特征，其中入射侧较为光滑，而出射侧则呈现皱褶状，显示出较强的塑性变形。其反映了试件在不同冲击角度下的磨损行为的差异。

通过超高速轮廓测量仪对试件表面 $x$ 和 $y$ 方向上的凹坑进行测量，得到凹坑深度-半径曲线图，如图 2-24（a）～（c）所示，分别对应冲击角度为 60°和 45°时的凹坑，以及三种角度在 $y$ 方向上的凹坑对比。从图 2-24（a）可以观察到，在冲击角度形成的皱褶区域，凹坑在 $y$ 方向的右侧表现出较宽阔的半径，并呈现出较为平滑的曲线。而在左侧和 $x$ 方向上，凹坑则呈现锯齿状和凸折状。在图

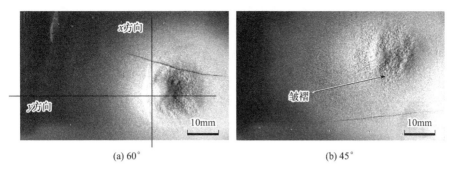

(a) 60°                    (b) 45°

**图 2-23** NiWC35 涂层试件在不同冲击角度下的冲蚀磨损形貌

2-24（b）中，45°冲击角度时，锯齿和凸折现象更加频繁，且在 $y$ 方向上的凹坑半径比 $x$ 方向上长约 3mm。图 2-24（c）显示冲击角度对涂层材料的影响显著，60°时凹坑深度扩张较大，而 45°时凹坑半径扩张较大。这些观察结果表明，冲击角度对于涂层材料的冲蚀磨损有着显著的影响。

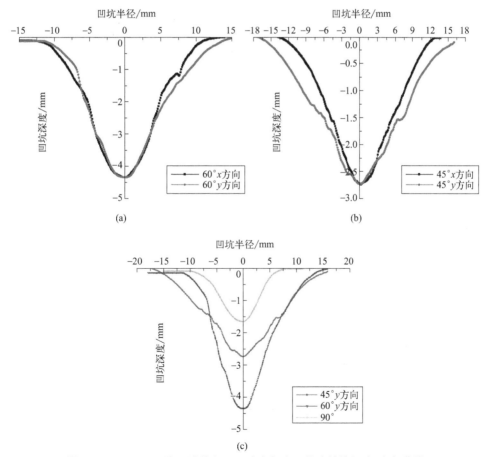

**图 2-24** NiWC35 涂层试件在不同冲击角度下的冲蚀坑深度-半径曲线

| 试件编号 | 材料 | 工艺方式 | 规格/mm×mm | 总厚度/mm | 实测涂层净厚度（平均）/mm | 实测涂层硬度（平均） |
|---|---|---|---|---|---|---|
| YDCS03-01～10 | WC（YG8） | 整体烧结 | 40×65 | 10 | 10 | 76～77HRC |

　　WC-Co 硬质合金是一种具有出色硬度、强度、耐磨和耐蚀性能的材料，在切削工具、矿山工具、模具和耐磨零部件等领域得到广泛应用。本实验关注的烧结 WC 材料被用作黑水角阀阀座衬套、套筒等零部件的材料，采用整体烧结工艺制备而成。其 WC 含量平均为 92%，Co 含量为 8%，具有较好的冲击韧性。该材料的尺寸为 40mm×65mm，总厚度为 10mm。详细的材料参数列于表 2-10 中。烧结 WC 试件在不同磨料量下的冲蚀磨损形貌如图 2-25 所示。

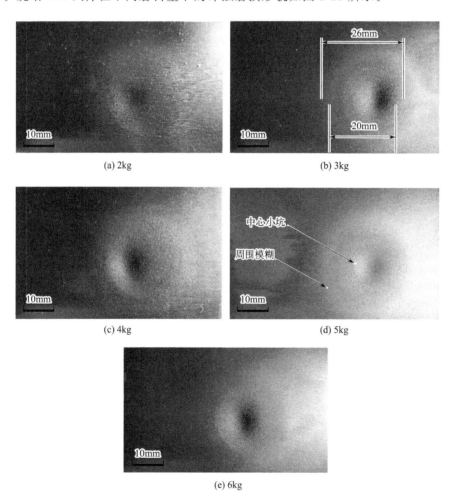

图 2-25　烧结 WC 试件在不同磨料量下的冲蚀磨损形貌

通过超高速轮廓测量仪测量试件表面的凹坑，我们得到了烧结 WC 试件凹坑深度-半径曲线，如图 2-26 所示。可以明显看出，烧结 WC 材料的冲蚀坑深度要比相同磨料量下的 NiWC35 涂层小了很多。即使在使用 6kg 磨料时，烧结 WC 的凹坑深度也不超过 0.7mm。此外，值得注意的是，随着磨料量的增加，凹坑深度的变化相对较小。这些结果进一步证明了烧结 WC 材料在抵抗冲蚀磨损方面性能出色。

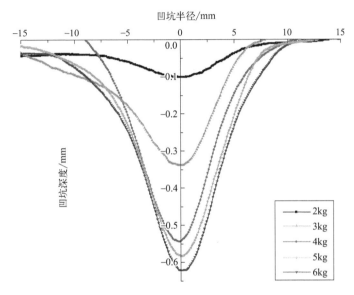

**图 2-26** 烧结 WC 试件在不同磨料量下的冲蚀坑深度-半径曲线

在不同温度下，我们观察了实验试件表面的冲蚀磨损形貌，相关结果如图 2-27 所示。从图中可以明显看出，温度对于烧结 WC 材料的磨损性能影响并不显著。试件表面没有出现小的麻点或褶皱等特征。然而，在较高温度下，可以在试件未被冲蚀的背面观察到深蓝色的氧化花斑。这表明采用整体烧结工艺制成的 WC 材料具有更好的高温适应性，其性能在高温环境下基本不受影响。此外，我们还利用线切割技术从 500℃ 实验试件中切割下一小块样品，以便进行后续的电镜分析。这些结果将在后续讨论中进行详细分析。

利用超高速轮廓测量仪对试件表面的凹坑进行测量，得到凹坑深度-半径曲线如图 2-28 所示，可以发现，随着温度的升高，冲蚀凹坑的深度有轻微增加，但变化非常微小，且在凹坑半径方向上并未出现明显的扩张。这进一步验证了在所研究的温度范围内，采用整体烧结工艺制备的 WC 材料相较于采用等离子转移弧（PTA）工艺制备的 NiWC35 涂层更能够满足高温工况下的应用需求。

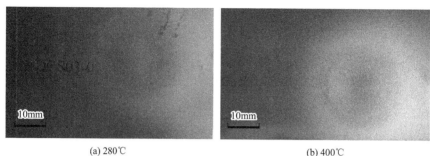

(a) 280℃                   (b) 400℃

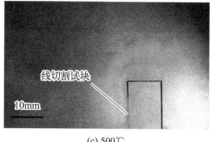

(c) 500℃

**图 2-27** 烧结 WC 试件在不同温度下的冲蚀磨损形貌

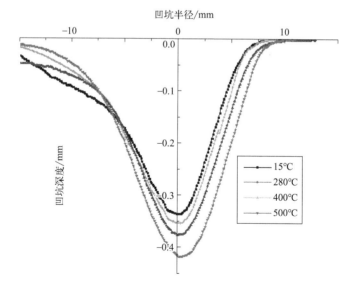

**图 2-28** 烧结 WC 试件在不同温度下的冲蚀坑深度-半径曲线

在不同的冲击角度下，实验试件的表面冲蚀磨损形貌如图 2-29 所示，可以看到，高速气固流从试件左边以一定角度射入，从右边反弹出去。60°凹坑入射的一边的轮廓比出射的一边相对清晰，而 45°时冲蚀的范围明显变大且边界变得相对模糊。

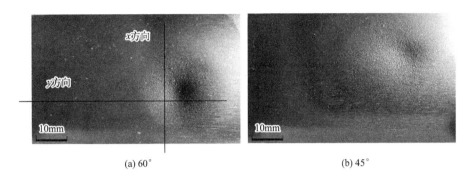

(a) 60°                              (b) 45°

**图 2-29** 烧结 WC 试件在不同冲击角度下的冲蚀磨损形貌

通过使用超高速轮廓测量仪对试件表面的凹坑进行测量，得到了凹坑深度-半径曲线，如图 2-30（a）～（c）所示，分别对应冲击角度为 60°和 45°时 $x$ 和 $y$ 两个方向的凹坑形态以及在 $y$ 方向上的凹坑对比。可以发现，在 60°时，凹坑在 $x$ 和 $y$ 方向上的差异不大。而在 45°时，凹坑在其倾斜的 $y$ 方向上比横向的 $x$ 方向要宽得多。进一步对比图 2-30（c）可以发现，在 90°垂直冲击下，磨损往深度方向有较大的发展趋势。相比之下，60°时的凹坑深度略浅，但宽度略宽。而在 45°倾斜角度较大时，凹坑在宽度方向上的磨损发展更为显著，深度也略大于 60°时的情况。此外，45°条件下的磨损损失质量也是最大的。通过以上观察与分析，我们可以得出不同冲击角度对磨损凹坑的形成和发展具有不同的影响，进一步说明了冲击角度对磨损行为的重要性。

通过电镜扫描分析，我们获得了如图 2-31 所示的表面微观形貌。图 2-31（a）和（b）分别为未受冲击部位材料形貌的 1000 倍和 2000 倍放大的电镜扫描图，而图 2-31（c）和（d）则是受到冲击后的材料表面形貌的 1000 倍和 2000 倍放大的电镜扫描图。可以发现，烧结 WC 材料的微观组织由无数细小的硬质相颗粒组成，它们紧密地结合在一起。这些颗粒的尺寸为 $1\sim5\mu m$，相比于 NiWC35 涂层材料的硬质颗粒，烧结 WC 材料的颗粒更小、更紧密，从而提升了其耐磨性能。此外，我们还可以观察到，在未受冲击时，烧结 WC 材料表面的颗粒孔隙率相对较高。而在经历冲击后，表面变得相对光滑，凸起的颗粒和易被冲蚀的大颗粒硬质体明显减少。然而，细小紧凑的硬质颗粒并未被冲击的磨料粒径所剥离，也没有出现黏结剂被冲刷掉而导致硬质体凸起的现象。这表明细小紧凑的硬质颗粒是提升烧结 WC 材料耐磨性能的关键因素。

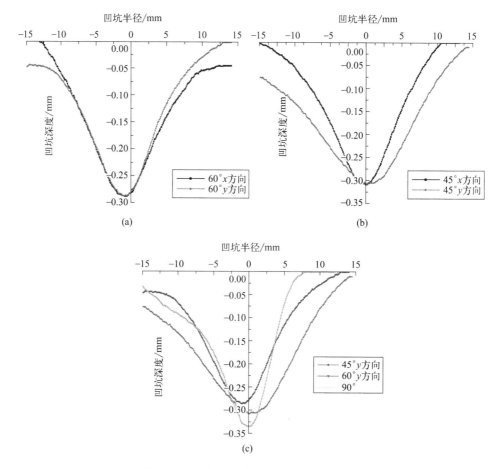

**图 2-30** 烧结 WC 试件在不同冲击角度下的冲蚀坑深度-半径曲线

通过对 NiWC35 涂层和烧结 WC 两种材料在不同影响因素下进行冲蚀磨损实验的研究，发现磨料量对这两种材料的冲蚀磨损性能具有显著影响。随着磨料量的增加，试件的冲蚀凹坑深度呈线性增加趋势，但随着凹坑深度的发展，其形状对磨损的影响因素逐渐凸显。值得注意的是，烧结 WC 材料的冲蚀凹坑深度要比 NiWC35 涂层小很多，这表明烧结 WC 材料的耐磨性能比 NiWC35 涂层高出很多。此外，实验温度对 NiWC35 涂层具有较大的影响，而对烧结 WC 材料的影响相对较小。当温度达到 500℃ 时，NiWC35 涂层的冲蚀凹坑深度已接近常温下使用 4kg 磨料时的深度，相比于常温下相同磨料量，其抗磨损性能降低了很多。此外，冲击角度对这两种材料也具有明显的影响。由于 NiWC35 涂层的 HRC 硬度较低，当冲击角度逐渐倾斜时，凹坑的深度和宽度都有扩展，而烧结 WC 材料的凹坑只在宽度上有所发展，深度略有降低。对于微观组织结构方面，NiWC35 涂

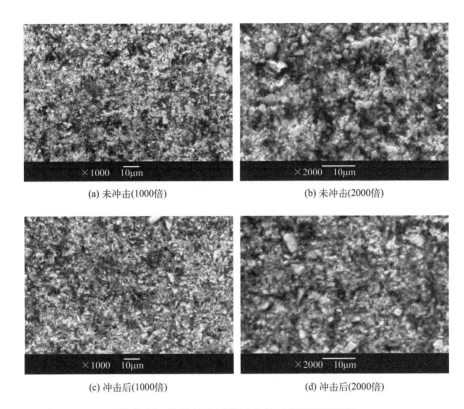

|   |   |
|---|---|
| (a) 未冲击(1000倍) | (b) 未冲击(2000倍) |
| (c) 冲击后(1000倍) | (d) 冲击后(2000倍) |

**图 2-31　烧结 WC 试件冲击前后表面微观形貌**

层中的硬质颗粒较为粗大，直径约为 $80\mu m$，而且间隔较大，存在许多孔隙。烧结 WC 材料中的硬质颗粒较为细小，直径为 $1 \sim 5\mu m$，且分布较为紧凑。NiWC35 涂层的硬质相易脱落和破碎，且存在较多较大的孔隙，在冲击时容易发生开裂现象。

与 WC 材料相比，NiWC35 材料在耐冲蚀磨损性能方面存在较大差距，无法满足黑水调节阀阀芯在高速冲蚀磨损工况下的需求。我们进一步开展了对 SiC、$Al_2O_3$ 和 $Si_3N_4$ 三种硬质耐磨材料的实验，并与纯 WC 靶材实验进行了对比。这些实验旨在评估更多耐磨材料的抗冲蚀磨损性能，并探究其在黑水角阀等工业应用中的可行性。通过对这些材料进行冲蚀磨损实验，并与纯 WC 靶材进行对比，我们可以对其性能进行客观评估，为材料的选择和应用提供依据。

选择 0.5kg、1.0kg 和 1.5kg 三种不同磨料量进行阀门材料的冲蚀磨损实验。在实验过程中，将试件表面温度控制在 27℃，冲击角度固定为 90°，颗粒速度为 158m/s。根据实验结果统计，图 2-32 显示了试件表面产生的磨损量及最大磨损深度的变化情况。随着磨料量的增加，试件的磨损质量也呈线性增加的趋势。同时，最大磨损深度也随着磨料量的增加而增加，随着磨料量增加，最大磨损深度的增加速度更快。

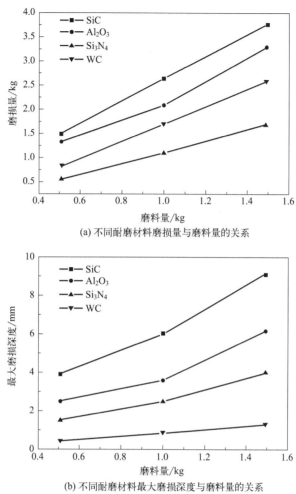

(a) 不同耐磨材料磨损量与磨料量的关系

(b) 不同耐磨材料最大磨损深度与磨料量的关系

**图 2-32　磨料量对冲蚀磨损的影响**

此外，还发现四种常用阀门材料在耐磨性能方面存在明显差异。根据磨损量的比较，它们的耐磨性能顺序为：$Si_3N_4 >$ WC $> Al_2O_3 >$ SiC。而根据耐冲蚀磨损深度的比较，它们的耐磨性能顺序为：WC $> Si_3N_4 > Al_2O_3 >$ SiC。从均匀磨损减薄失效的角度来看，$Si_3N_4$ 材料具有更强的耐磨优势。然而，从局部磨损减薄甚至穿孔失效的角度来看，WC 材料则表现出更高的耐磨性能。综上所述，根据不同的失效角度考虑，$Si_3N_4$ 材料在均匀磨损减薄方面具有优势，而 WC 材料在局部磨损减薄甚至穿孔失效方面表现出更好的耐磨性能。

选择温度为 27℃，磨料量为 1.5kg，颗粒速度为 158m/s 的实验条件，依次调整冲击角度为 90°、60°和 45°进行了四种材料的冲蚀磨损实验。图 2-33 展示了不同冲击角度下的磨损量和最大磨损深度的实验结果。观察结果可知，四种材料的冲蚀磨损量随冲击角度的增大而增加，并且在较高的冲击角度下增幅更为显著。当冲击角度为 90°时，颗粒撞击靶材表面的速度分量对应的动能最大，因此导致磨损量最大。这与脆性材料的冲蚀行为相符合。在冲击角度从 45°增加到 60°的条件下，$Si_3N_4$ 和 WC 材料的磨损量分别增加了 0.038g 和 0.200g，而冲击最大深度分别增加了 0.40mm 和 0.13mm。通常认为磨损速率是冲击角度的函数，

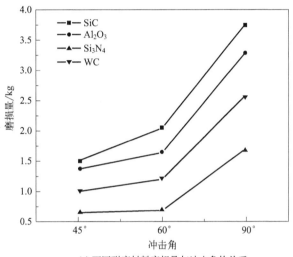

(a) 不同耐磨材料磨损量与冲击角的关系

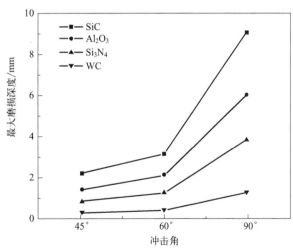

(b) 不同耐磨材料最大磨损深度与冲击角的关系

**图 2-33 冲击角对冲蚀磨损的影响**

在低冲击角度下，$Si_3N_4$ 和 WC 材料的磨损量和最大深度对冲击角度的依赖性较弱。在高冲击角度范围内，SiC 的磨损最大深度对冲击角度最为敏感。当冲击角度从 60°增加到 90°时，SiC 的磨损最大深度增加了 6.05mm，而 $Al_2O_3$、$Si_3N_4$ 和 WC 分别增加了 4.00mm、2.65mm 和 0.88mm。

在图 2-34 中，我们可以看到四种材料在高温条件下的冲蚀磨损量和最大磨损深度的变化情况。实验中固定磨料量为 1.0kg，冲击角度为 90°，颗粒冲击速度为 158m/s，并通过加热器将试件温度分别设置为 27℃（室温）、250℃ 和 480℃。结果显示，随着加热器温度从室温升高至 250℃，所有材料试件的冲蚀磨损量和最大磨损深度都明显减小。当温度进一步升高至 480℃时，$Si_3N_4$ 和 WC 材料的冲蚀磨损量进一步减小了 0.087g 和 0.300g，而 SiC 和 $Al_2O_3$ 材料的抗冲

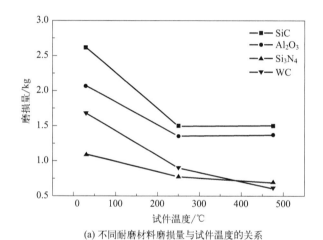

(a) 不同耐磨材料磨损量与试件温度的关系

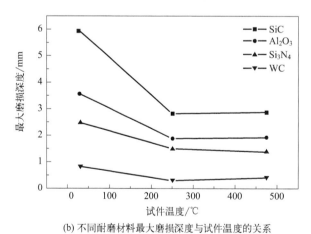

(b) 不同耐磨材料最大磨损深度与试件温度的关系

**图 2-34　温度对冲蚀磨损的影响**

蚀磨损性能保持不变。这表明高温条件下，$Si_3N_4$ 和 WC 材料的耐冲蚀磨损性能相对较好，能够有效减少磨损量和磨损深度，而 SiC 和 $Al_2O_3$ 材料的性能相对稳定。

在对图 2-34（b）的观察中，我们可以明显看到 SiC 材料在室温下展现出较深的冲蚀坑，深度达到了 6.0mm。然而，随着温度升高至 250℃，冲蚀坑的深度明显减少至 2.8mm。进一步升高温度至 480℃后，冲蚀坑的深度略微增加至 3.2mm，值得注意的是，在 480℃下，SiC 材料的冲蚀坑内部出现了明显的裂纹（详见图 2-35 中试件冲蚀实验后的照片中的裂纹）。这种现象可以归因于温度升高导致 SiC 材料强度和断裂韧性降低，从而促进了裂纹的形成。与 SiC 材料相比，$Al_2O_3$ 在不同温度下的变化趋势与之相似，高温条件下的耐冲蚀性能优于室温条件。然而，在此实验条件下，WC 和 $Si_3N_4$ 试件材料表现出随温度升高而显著提升的耐高温冲蚀磨损性能，表明它们在高温工况下具有广泛应用的潜力。

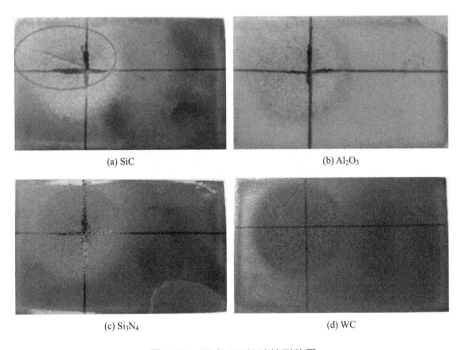

(a) SiC

(b) $Al_2O_3$

(c) $Si_3N_4$

(d) WC

**图 2-35　温度 480℃冲蚀形貌图**

根据试件温度为 27℃、磨料量为 1.5kg、冲击角度为 90°的条件，分别调整颗粒速度为 158m/s、103m/s 和 90m/s 进行冲击磨损实验，得到的实验结果如图 2-36 所示。随着气体速度的增加，携带颗粒的冲击碰撞速度也增加，导致冲蚀磨损量的增加以及冲蚀坑的深度加深。此外，从试件外观也能观察到，随着气流速度的增加，冲蚀坑的半径逐渐减小。在四种材料中，$Al_2O_3$ 和 $Si_3N_4$ 的磨损量和冲蚀深度随气体速度的增加一直保持较大的增幅。具体而言，相对于 SiC、$Al_2O_3$ 和 $Si_3N_4$，当气流速度逐渐增大时，WC 的冲击最大深度仅增加了 0.75mm，而其他三种材料分别增加了 5.40mm、3.50mm 和 2.90mm，这表明 WC 材料在耐磨损深度方面表现出更出色的性能。

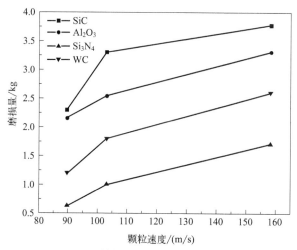

(a) 不同耐磨材料磨损量与颗粒速度的关系

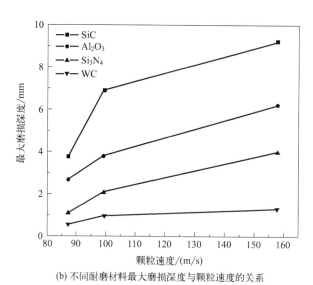

(b) 不同耐磨材料最大磨损深度与颗粒速度的关系

**图 2-36　颗粒速度对冲蚀磨损的影响**

根据多组冲蚀实验的磨损量得出几种材料的耐磨损性能从高到低排列为：$Si_3N_4 >$ WC $> Al_2O_3 >$ SiC $>$ NiWC35；而耐冲蚀磨损深度性能由高到低为：

WC $>$ Si$_3$N$_4$ $>$ Al$_2$O$_3$ $>$ SiC $>$ NiWC35。与材料的性质对比表明，决定材料磨损性能的主要因素是硬度，而材料的断裂韧性影响材料的磨损深度，延展性影响材料的磨损量。NiWC35、SiC、Al$_2$O$_3$、Si$_3$N$_4$、WC 等材料的磨损特性均符合脆性材料的冲蚀磨损行为，即冲蚀磨损量随着冲击速度的增大而增大，冲蚀磨损量随着冲击角度的增大而增大，冲击角度为 90° 时冲蚀磨损量最大。在高冲蚀角下改变冲蚀角度，冲蚀坑深度随角度的增大而增大更快。其中 WC 和 Si$_3$N$_4$ 材料具有温度越高，耐高温冲蚀磨损性能越优异的特性。综合实验结果显示，适合黑水系统调节阀的耐磨材料为 WC 和 Si$_3$N$_4$。

## 2.3　腐蚀与冲蚀磨损的耦合作用

除了存在大量高硬度固体颗粒之外，黑水中还含有酸性腐蚀性介质，这些介质是由煤炭燃烧所产生的。因此，在黑水系统的流道中会发生流动腐蚀与冲蚀磨损的耦合作用。这种耦合作用会导致流道材料的损伤速率大于流动介质腐蚀所引起的材料损伤速率与固体颗粒冲蚀磨损所引起的材料损伤速率之和。这意味着流动腐蚀与冲蚀磨损的耦合作用对于材料的损伤起到了主导作用。

黑水阀门中的流动腐蚀与冲蚀磨损之间的耦合作用机理的不明确将成为限制黑水阀门长周期运行的重要因素。研究表明，流动腐蚀与冲蚀磨损的耦合作用机理是复杂而多样的，其机制涉及多种物理和化学因素。一种典型机制是，流道材料在多相流介质的腐蚀作用下形成了一层保护膜或钝化膜，然而这些腐蚀产物膜在流动中所受到的剪切应力和固体颗粒的冲击作用下容易破坏。当破损的局部区域再次生成腐蚀保护膜或钝化膜后，又会再次被冲破，从而形成一个自催化的加速腐蚀过程，最终导致穿孔和爆裂。以煤气化黑水设备为例，其中的泵、阀门、输送管道等经常受到固体颗粒运动和腐蚀性流体的共同作用，从而发生流动腐蚀和冲蚀磨损耦合作用。

这种耦合作用导致的材料损伤具有明显的局部性和突发性，短时间内即可形成点蚀等现象，且材料损伤速率较高，导致流道内部出现腐蚀坑、凹槽或者山谷地貌等现象。在这种耦合作用中，腐蚀作用会破坏材料的表面结构，降低材料的表面硬度，进一步增强流体冲刷或固体颗粒冲蚀磨损的作用效果。因此，腐蚀和冲蚀磨损的交互耦合作用机制主要包括两个方面：一是冲蚀磨损对流动腐蚀的影响，即冲蚀磨损过程对腐蚀速率和腐蚀形貌的影响；二是流动腐蚀对冲蚀磨损的影响，即腐蚀介质的性质和流动状态对冲蚀磨损过程的影响。

固体颗粒冲蚀磨损对腐蚀的加速作用主要体现在以下方面：首先，固体颗粒与流道表面的冲击会改变湍流边界层的结构，进而加速了流道材料表面附近的传质过程，促进了表面材料的去极化过程，从而起到加速腐蚀的效果。其次，固体颗粒冲蚀的机械作用导致了钝化膜的减薄、破裂或材料的塑性变形，使局部能量升高，形成了"应变差电池"，进一步加速了腐蚀过程。此外，固体颗粒冲蚀磨损形成的凹凸不平的冲蚀坑增加了材料的比表面积，进一步加剧了腐蚀的发生。

多相流动腐蚀的发生对流体内固体颗粒冲蚀磨损的加速作用主要体现在以下方面：首先，腐蚀性多相流介质对流道表面的腐蚀作用粗化了材料表面，尤其在材料缺陷部位等处形成的局部腐蚀会导致表面的粗化，进而增加了固体颗粒撞击流道表面材料时的冲击力，从而加速了冲蚀磨损速率。其次，腐蚀作用削弱了材料的晶界和相界，暴露了耐磨的硬化相，甚至使其凸出于基体表面。在固体颗粒的冲击下，这些部分易于折断或脱落，进一步促进了冲蚀磨损速率的增加。此外，腐蚀作用还会削弱材料表面的加工硬化层，降低材料的抗疲劳强度，进而增加了冲蚀磨损速率。

以往的研究表明，材料的耐机械冲蚀磨损性能主要取决于冲蚀条件下材料的硬度以及流道结构的流体动力学设计。然而，在流动腐蚀与冲蚀磨损耦合作用中，流动介质的性质对材料的耐腐蚀-冲蚀磨损性能也具有至关重要的影响。这些性质因素包括流动介质的速度、类型、浓度和 pH 值，以及固体颗粒的含量、温度等因素，同时还包括被作用材料的性能和表面粗糙度等因素。其中，流动介质的速度是一个非常重要的影响因素。高速流动介质不仅会增加冲蚀力和颗粒的冲击能量，从而加剧材料的冲蚀磨损，还会促使腐蚀产物膜脱落和离子的对流传质，从而加速材料的腐蚀。其他几种影响因素对流动腐蚀与冲蚀磨损耦合作用也有着各自不同的影响。

流动腐蚀与冲蚀磨损耦合作用的影响因素众多且复杂，研究耦合作用机制存在较大的难度。目前，相关研究主要以实验为主，针对特定材料进行实验测量，并建立了一些经验模型来探索耦合作用机制。以耐磨阀门常用材料 YG8 为例，对其腐蚀速率模型进行理论分析发现，其腐蚀主要以耗氧腐蚀为主，并且腐蚀速率受氧的扩散速度控制。在这种情况下，由于 WC 材料相对较稳定，只有其中的 Co 元素会受到腐蚀，其电化学反应式可以表示为：

$$2Co \Longrightarrow 2Co^{2+} + 4e^- \tag{2-16}$$

$$O_2 + 2H_2O + 4e^- \Longrightarrow 4OH^- \tag{2-17}$$

腐蚀性物质（氧）的通量 $J_{O_2}$ 定义为：

$$J_{O_2} = k_m (C_{b, O_2} - C_{w, O_2}) \tag{2-18}$$

式（2-18）表明，氧通量 $J_{O_2}$ 反应速率与传质系数 $k_m$、壁面上的氧浓度 $C_{w, O_2}$ 以及溶液中的氧体积浓度 $C_{b, O_2}$ 密切相关。在假设壁面电化学反应速度远远大于壁面边界层的传质速度的情况下，所有扩散到壁面的氧气将被腐蚀反应消耗，因此在模型中可以将壁面上的氧浓度设定为零。需要注意的是，这一假设的适用性与具体系统和电化学腐蚀的特点密切相关，不同体系下的腐蚀行为可能存在差异，因此在具体研究中仍需综合考虑实际情况和相关参数的影响。

根据化学反应等式，Co 通量的方程表示为：

$$J_{Co} = 2k_m C_{b,O_2}$$

利用 Co 的摩尔质量 $M_{Co}$（kg/kmol）及其密度 $\rho_{Co}$（kg/m³），可以将 Co 的通量换算为 Co 的腐蚀速率，换算后单位为毫米/年，该方程可以表示为：

$$C = 3.15 \times 10^{10} \frac{k_m C_{b,O_2} M_{Co}}{\rho_{Co}} \tag{2-19}$$

通过应用 CFD 方法，可以计算出传质系数 $k_m$。如果流道壁面的第一个网格位于传质边界层内，那么在这两者之间的传质过程主要由纯扩散效应控制。此时，可以使用以下方程表示：

$$J_{O_2} = \frac{D}{\Delta y}(C_{f,O_2} - C_{w,O_2}) \tag{2-20}$$

其中，$\Delta y$ 表示壁面到第一个网格中心的距离；$D$ 表示质量扩散系数，m²/s；$C_{f,O_2}$ 表示第一个网格中心的氧浓度。假设在壁面上的浓度为零，则 $k_m$ 由下式表示：

$$k_m = \frac{D}{\Delta y} \times \frac{C_{f,O_2}}{C_{b,O_2}} \tag{2-21}$$

腐蚀速率改写成：

$$C = 3.15 \times 10^{10} \frac{D C_{f,O_2} M_{Co}}{\rho_{Co} \Delta y} \tag{2-22}$$

采用 Hayduk 和 Minhas 提出的水溶液中溶质的模型，我们可以估算出无限稀释扩散系数：

$$D = 1.25 \times 10^{-12}(V_A^{-0.19} - 0.292)T^{1.52}\mu^\varepsilon$$

$$\varepsilon = \frac{9.58}{V_A} - 1.12 \tag{2-23}$$

其中，$V_A$ 表示正常沸点时的溶质摩尔体积（氧为 25.6cm³/mol）；$T$ 表示温度；$\mu$ 表示水的黏度，cP。

对于其他材料而言，我们可以通过详细分析其电化学腐蚀过程，并确定所涉及的腐蚀元素，进而建立相应的电化学反应方程，用以确定腐蚀模型。通过研究材料的电化学行为和相关反应，我们可以深入理解其腐蚀机制，并提供更准确的模型来描述腐蚀过程。这种基于电化学反应方程的腐蚀模型能够为我们提供关于材料腐蚀行为的有益信息，并帮助我们预测和控制材料的腐蚀行为。对于流动腐蚀与冲蚀磨损的耦合模型而言，除了考虑腐蚀模型外，还需要结合冲蚀磨损模型进行综合建模。

流动腐蚀与冲蚀磨损的协同作用被定义为金属在同时受到磨损和腐蚀作用时所遭受的额外磨损速率，其值高于纯腐蚀和纯磨损引起的磨损速率之和。为了更好地理解材料损伤的这种协同作用，可以使用下述方程式进行描述：

$$T = E + C + S$$
$$S = T - (E + C)$$

(2-24)

$T$ 代表流动腐蚀与冲蚀磨损引起的总磨损率；$E$ 代表纯冲蚀磨损引起的材料损失率；$C$ 代表纯腐蚀引起的材料损失率；$S$ 代表协同效应导致的附加材料损失率。当总磨损率超过纯磨损和纯腐蚀磨损之和时，协同作用被认为是正的。反之，则被认为是负的。在实际流动腐蚀-冲蚀磨损耦合作用中，协同作用通常是正的。因此，建立准确的 $S$ 计算模型或方程是构建腐蚀-冲蚀磨损耦合作用模型的关键所在。通过精确描述 $S$ 的变化规律和影响因素，我们可以更深入地理解流动腐蚀与冲蚀磨损的协同作用，并为材料选择和工程设计提供有力的指导。

更进一步的分析可以把流动腐蚀-冲蚀磨损协同作用大致分为两个方面：

$$S = \Delta C + \Delta E$$

(2-25)

其中，$\Delta C$ 代表冲蚀磨损导致的流动腐蚀速率增强；$\Delta E$ 代表流动腐蚀导致的冲蚀磨损速率增强。

针对已有的相关研究，Wood 等人对腐蚀和泥浆磨损等方面的结果进行了协同趋势研究，并将其划分为中度协同和高度协同两组。通过对这两组数据进行分析，得到了一条最佳拟合线，该拟合线符合以下表达式，用于计算协同作用的公式。这个公式可以提供对流动腐蚀与冲蚀磨损协同作用的定量描述，为进一步的研究和工程应用提供了重要的参考。

中度协同作用：

$$\frac{S}{C} = \exp\left(1.277\ln\frac{E}{C} - 1.9125\right)$$

(2-26)

高度协同作用：

$$\frac{S}{C} = \exp\left(0.755\ln\frac{E}{C} + 1.222\right)$$

(2-27)

在研究中，他们观察到大部分协同值处于中等协同范围内，仅有 1% 的低浓度情况下的协同值处于高协同范围。这意味着在多数情况下，流动腐蚀与冲蚀磨损之间的协同作用程度较为适中。

这些研究很少有直接研究黑水系统的流动腐蚀-冲蚀磨损的耦合作用的情况，但这些研究可以为我们理解黑水系统的损伤失效提供重要的参考，并为进一步研究提供合理的路线图。首先需要更深入地理解流动腐蚀-冲蚀磨损的耦合作用机制，进一步明确耦合作用的基本原理和关键因素，揭示其中的微观机制。然后需要建立准确可靠的模型和预测方法来预测和评估黑水系统中的流动腐蚀和冲蚀磨损耦合作用，需要结合大量的实验和数值模拟，以获得更全面的数据和参数。最后，在此基础上开发有效的防护措施和材料优化策略，包括探索新型的防护涂层、改进材料设计和加工工艺等，以提高材料的耐腐蚀-冲蚀磨损性能。

第**3**章

# 水闪蒸阀门的失效预测与结构设计

## 3.1 黑水闪蒸阀门的模拟仿真模型

　　黑水调节阀作为煤气化装置中黑水处理系统的关键设备，被安装在各级闪蒸罐前的黑水管道入口前，如气化炉激冷室底部到高压闪蒸罐以及洗涤塔底部到高压闪蒸罐的管道，紧邻高压闪蒸罐位置。在某煤气化制甲醇工艺中，如图 3-1 所示的煤气化黑水高压闪蒸单元中，水煤浆在气化炉反应，生成 CO、$H_2$ 等合成气，经过水洗系统（文丘里加湿洗涤和水洗塔洗涤）洗涤时产生大量黑水，经过黑水调节阀 LV-03 和 LV-04 进入高压闪蒸罐，同时煤炭燃烧后的熔渣等在激冷室激冷沉渣过程中产生大量的黑水被排出并通过黑水调节阀 LV-01 和 LV-02 进

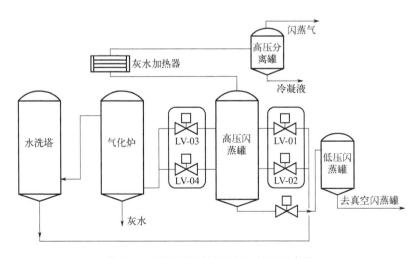

**图 3-1** 煤气化黑水高压闪蒸单元示意图

入高压闪蒸罐，闪蒸后黑水再进行酸性成分的分离、热量回收和黑水的冷凝等一系列过程。黑水角阀主要用于调节黑水减压过程。在该过程中，黑水调节阀需要降低约 5.43MPa 的黑水压力，并且承受 246℃ 左右的高温和酸性介质条件下的固体颗粒的冲蚀磨损。

黑水阀的减压调节过程涉及角阀、文丘里管和缓冲罐三个关键组件。当气化炉和洗涤塔排出的黑水进入系统时，首先通过角阀进行控制，然后沿着文丘里管向下扩张，最终经过缓冲罐的反冲作用后转向左边的高压闪蒸塔，具体示意如图 3-2 所示。为了充分理解黑水阀门的黑水流动和闪蒸过程，模拟仿真时必须将黑水调节过程的三个组件一起考虑，统一建立多相流体流动的几何模型，如图 3-2（b）所示。

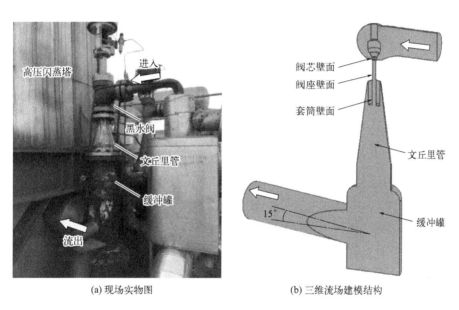

(a) 现场实物图　　　　　　　　(b) 三维流场建模结构

**图 3-2　黑水阀减压闪蒸系统组件**

黑水角阀在工作过程中面临较高的进出口压降。当高温黑水通过阀门的节流口时，其流速增加，导致压力降低。当黑水压力降低到其对应的饱和蒸气压时，黑水发生闪蒸现象。闪蒸导致大量气相介质产生，使流速迅速增加，形成高速气-液-固三相流动。这种流动状态对阀芯和缓冲罐内部造成严重的冲蚀磨损损伤、腐蚀损伤等。由于黑水角阀运行在压力大、温度高的严苛工况下，实验研究具有一定的难度。因此，结合实际工程案例对黑水角阀内的闪蒸过程进行模拟，利用计算流体力学（CFD）和模拟仿真软件对阀内流场进行分析，有助于明确阀内黑水的闪蒸过程，并确定阀内流道的失效位置。目前，已有借助 CFD 和模拟仿真软件对黑水角阀内流体进行研究，以深入理解其工作机制和优化设计。

黑水系统仿真模拟中，多相流动的模拟仿真通常采用计算流体力学方法进行。在气固/液固两相流动或气液固三相流动中，可以选择使用双流体模型和欧拉-拉格朗日模型；而在气液两相流动中，可以采用混合模型、VOF（Volume of Fluid）模型和欧拉模型等不同的模型。VOF 模型是一种界面追踪技术，适用于固定的 Euler 网格上，特别适合处理具有相间不相容交界面的流体，可用于分层或自由表面流动的模拟。混合模型是一种简化的两（多）相流模型，可描述流体和颗粒等相互穿插的连续统一体。它适用于流动中相混合或分离的情况，以及分散相体积分数超过 10% 的情况。Euler 模型则充分考虑两相介质之间存在的速度差，分别用不同的速度来描述不同的相。模型的选择应根据多相流动的具体流型和模拟目标来确定。这些模型在描述多相流动的物理过程、相互作用和界面行为等方面有着不同的假设和适用范围，因此需要根据研究需求和实际情况来选择最合适的模型。通过多相流动的模拟仿真可以获得多相流动的流场详细信息，帮助理解流动行为、优化设计和预测系统性能。

对于黑水阀门的闪蒸模拟，气液两相间的速度基本一致，并且会发生相变，同时相间界面会影响固体颗粒的运动，因此在黑水闪蒸的模拟中，应选用 VOF（Volume of Fluid）模型来模拟气液两相流动。VOF 模型基于多个不相互渗透的流体（或相）之间的界面存在，适用于分析具有清晰相界面的多相流动。它适用于多种流动模式，如活塞流动、分层流动和自由流动表面等。特别适用于模拟空气和水等流体之间的流动行为。该模型在许多应用领域有典型的应用，例如预测射流的破裂行为、液体中大气泡的运动、溃坝后液体的流动以及气-液界面的稳态或瞬态追踪等。使用 VOF 模型可以对这些现象进行准确的数值模拟和分析，有助于深入理解多相流动的行为和特性。

### 3.1.1　多相流计算的基本控制方程

在 VOF 模型中，将气液两相流体视为单一的连续介质，则混合相的连续性方程为：

$$\frac{\partial}{\partial t}(\rho) + \nabla \cdot (\rho \boldsymbol{V}) = 0 \tag{3-1}$$

其中，$\rho$ 表示混合相的密度。混合相的密度可由两相的真实密度和两相在混合流体中所占的质量分数表示：

$$1/\rho = \alpha_m/\rho_v + (1-\alpha_m)/\rho_l \tag{3-2}$$

其中，$\rho_v$ 和 $\rho_l$ 分别代表气相和液相的密度；$\alpha_m$ 表示气相的质量分数，则 $1-\alpha_m$ 表示液相的质量分数；$\boldsymbol{V}$ 为混合相的速度矢量。

VOF 模型忽略空泡相和液相之间的相对滑移速度以及相间的相互作用，则混合相动量方程如下：

$$\frac{\partial}{\partial t}(\rho \boldsymbol{V}) + \nabla \cdot (\rho \boldsymbol{V}\boldsymbol{V}) = -\nabla p + \nabla \cdot [\mu(\nabla \boldsymbol{V} + \nabla \boldsymbol{V}^{\mathrm{T}})] + \rho g + \boldsymbol{F} \qquad (3\text{-}3)$$

式中，$p$ 表示流场的压力；$g$ 表示当地重力加速度；$\mu$ 表示混合相的黏性系数，由式（3-4）确定：

$$1/\mu = \alpha_{\mathrm{m}}/\mu_{\mathrm{v}} + (1 - \alpha_{\mathrm{m}})/\mu_{\mathrm{l}} \qquad (3\text{-}4)$$

式中，$\mu_{\mathrm{v}}$ 和 $\mu_{\mathrm{l}}$ 分别表示气相和液相的本征黏性系数；$\boldsymbol{F}$ 为其他相对流体相的作用力，主要代表存在固相时，固相对流体产生的力。

VOF 模型假设两相之间没有温度差，故将能量方程在各相中共享，其能量方程如下：

$$\frac{\partial}{\partial t}(\rho E) + \nabla \cdot [v(p + \rho E)] = \nabla \cdot (k_{\mathrm{eff}} \nabla T) + S_{\mathrm{h}} \qquad (3\text{-}5)$$

其中，$k_{\mathrm{eff}}$ 表示有效热导率；$S_{\mathrm{h}}$ 表示源项，包括辐射以及其他体积热源；$E$ 表示两相的动能和内能之和；$T$ 表示温度。

VOF 模型的核心是通过相函数 $F$ 来构造和追踪两相流体界面。当某个单元格中有 $F = 1$ 时，表示该单元格被指定的相流体完全占用，反之当 $F = 0$ 时，该单元格不含指定相流体。当某单元格中 $0 < F < 1$ 时，则单元格中包含两相界面，并按照一定法则，采用几何或代数方法，根据本单元格及其邻近单元格中的 $F$ 值构造两相界面的具体形状和位置。相位函数的控制方程为：

$$\frac{\partial F}{\partial t} + \nabla \cdot (F\boldsymbol{V}) = 0 \qquad (3\text{-}6)$$

由于相函数是用于界面跟踪的，故不需要平滑函数。

由于黑水闪蒸过程中流速较高，故流动以湍流为主。湍流具有不规则、多尺度和非线性的特点，其运动极为复杂。现有的湍流模型大致可以分为湍流输运系数模型、大涡模拟和直接数值模拟。其中，湍流输运系数模型常用于工程计算，计算量相对较小；受计算机内存的限制，直接数值模拟方法还难以预测复杂的湍流运动。大涡模拟方法则是直接求解大尺度涡，模型化求解小尺度的涡，计算量介于两者之间，但对于较大几何区域的求解，需要的网格量也较大。综合考虑计算的准确性和经济性，一般采用适于工程计算的基于雷诺平均 NS 方程（RANS）的湍流输运系数模型。这一模型包含常用的标准 $k$-$\varepsilon$ 模型、RNG $k$-$\varepsilon$ 模型、Realizable $k$-$\varepsilon$ 模型、$k$-$\omega$ 模型以及 SST $k$-$\omega$ 模型等众多模型。实际使用中，针对黑水闪蒸流动，由于流速高且含有气、液、固三相介质，一般采用 Realizable $k$-$\varepsilon$ 模型较为适宜，方程如下：

$$\rho \frac{\mathrm{d}k}{\mathrm{d}t} = \frac{\partial}{\partial x_i}\left[\left(\mu + \frac{\mu_{\mathrm{t}}}{\sigma_k}\right)\frac{\partial k}{\partial x_i}\right] + G_k + G_b - \rho\varepsilon - Y_{\mathrm{M}} \qquad (3\text{-}7)$$

$$\rho \frac{d\varepsilon}{dt} = \frac{\partial}{\partial x_i} \left[ \left( \mu + \frac{\mu_t}{\sigma_\varepsilon} \right) \frac{\partial \varepsilon}{\partial \sigma_\varepsilon} \right] + \rho C_1 S \varepsilon - \rho C_2 \frac{\varepsilon^2}{k + \sqrt{v\varepsilon}} + C_{1\varepsilon} \frac{\varepsilon}{k} C_{3\varepsilon} G_b \quad (3-8)$$

其中，$C_1 = \max\left[ 0.43, \frac{\eta}{\eta + 5} \right]$，$\eta = S \frac{k}{\varepsilon}$。式中，$S$ 表示平均应变速率；$G_k$ 表示因平均速度梯度导致的湍流动能生成项；$G_b$ 表示浮力影响导致的湍流动能生成项；$Y_M$ 表示作用于总耗散率上的可压缩流体脉冲膨胀效应；$C_2$ 和 $C_{1\varepsilon}$ 是常数；$\sigma_k$ 和 $\sigma_\varepsilon$ 表示湍流动能的普朗特数及其耗散率。这些常数的取值分别为：$C_{1\varepsilon} = 1.44$，$C_2 = 1.9$，$\sigma_k = 1.0$，$\sigma_\varepsilon = 1.2$。

### 3.1.2　多相流计算的相间作用模型

由于黑水角阀内涉及流体的闪蒸，存在气液之间的相变过程，故选用 VOF 模型中的蒸发-凝结模型较为合适，并将气相视为均匀可压缩流体考虑，其液-气质量转换方程为：

$$\frac{\partial (\alpha_v \rho_v)}{\partial t} + \nabla \cdot (\alpha_v \rho_v v) = m_{1 \to v} - m_{v \to 1} \quad (3-9)$$

式中，下标 "v" 代表气相；下标 "l" 代表液相；$\alpha_v$ 为气相分率；$\rho_v$ 为气相密度；$v$ 为混合相速度；$m_{1 \to v}$ 和 $m_{v \to 1}$ 分别为由蒸发、凝结引起的质量转换。在不同温度下，质量转换为：

当 $T > T_{sat}$ 时

$$m_{1 \to v} = \text{coeff} \cdot \alpha_1 \rho_1 \frac{T - T_{sat}}{T_{sat}} \quad (3-10)$$

当 $T < T_{sat}$ 时

$$m_{v \to 1} = \text{coeff} \cdot \alpha_v \rho_v \frac{T - T_{sat}}{T_{sat}} \quad (3-11)$$

式中，$T$ 为流体的温度；$T_{sat}$ 为蒸发温度，由压力和液化重质油的组分确定，可通过 Aspen 仿真得到；$\alpha_1$、$\rho_1$ 分别代表液相分率、液相密度；coeff 为一个时间松弛量。

$$\text{coeff} = \frac{6}{d} \beta \sqrt{\frac{M}{2\pi R T_{sat}}} L \frac{\rho_1}{\rho_1 - \rho_v} \quad (3-12)$$

式中，$L$ 为潜热；$R$ 为气体常数；$M$ 为气相质量；$\beta$ 为气相分子进入液相表面并被完全吸收的调节系数。由于高压黑水角阀的严苛工况，故在不同的工作压力下，其饱和温度会相应发生改变。为保证闪蒸过程模拟的准确性，采用 tabular-pt-sat 方法调用自行设置的饱和温度和饱和压力数据点的表格来指定饱和温度。饱和温度将根据饱和压力使用二分法和局部线性插值来找到目标值。

由于黑水中存在固体颗粒，因此还要构建固体颗粒的运动模型，这里采用离散相模型（DPM）计算颗粒的运动轨迹。在该方法中，将气、液两相视为连续相，将固体颗粒视为离散相，通过计算离散相与连续相间的动量传递，从而获得颗粒在流场中的运动流场。

颗粒运动通过微分方程求解拉格朗日坐标系下颗粒上的作用力来表达，通过对拉格朗日坐标系下颗粒作用力的微分方程进行积分，从而求解离散相颗粒的运动轨迹。在笛卡儿坐标系下，颗粒的作用力平衡方程为：

$$\frac{\mathrm{d}\boldsymbol{u}_\mathrm{p}}{\mathrm{d}t} = \boldsymbol{F}_\mathrm{D}(\boldsymbol{u} - \boldsymbol{u}_\mathrm{p}) + \frac{g(\rho_\mathrm{p} - \rho)}{\rho_\mathrm{p}} + \boldsymbol{F} \tag{3-13}$$

式中，$\boldsymbol{F}_\mathrm{D}(\boldsymbol{u} - \boldsymbol{u}_\mathrm{p})$ 为颗粒上的曳力，其表达式如下：

$$\boldsymbol{F}_\mathrm{D} = \frac{18\mu}{\rho_\mathrm{p} d_\mathrm{p}^2} \times \frac{C_\mathrm{D} Re}{24} \tag{3-14}$$

其中，$\boldsymbol{u}$ 为连续相速度；$\boldsymbol{u}_\mathrm{p}$ 为离散相速度；$\mu$ 为连续相动力黏度；$\rho$ 为连续相密度；$\rho_\mathrm{p}$ 为离散相密度；$C_\mathrm{D}$ 为颗粒曳力系数；$Re$ 为离散相雷诺数。

$$Re = \frac{\rho d_\mathrm{p} |\boldsymbol{u}_\mathrm{p} - \boldsymbol{u}|}{\mu} \tag{3-15}$$

方程式（3-13）右边第二项为重力和浮力的合力。在颗粒的运动方程中，除了单位质量曳力、重力和浮力外，还需考虑颗粒的加速度力和流体的不均匀力（在方程中用 $\boldsymbol{F}$ 表示）。其中，颗粒的加速度力指颗粒在流场中的加速度发生改变时，流体对颗粒的作用力，主要包括虚拟质量力和巴塞特（Basset）力。不均匀力指的是当流动参数分布不均匀时，颗粒在流场中运动所受到的附加作用力，包括马格努斯（Magnus）力、萨夫曼（Saffman）升力和压力梯度力等。

由煤液化严苛工况下阀门的运行和操作条件可知，介质在流经阀芯和阀座的缩流截面时，会迅速发生空化，产生大量气相介质。在高速气流的驱动下，颗粒在较短时间内获得很高的速度，具有很大的运动加速度，需考虑虚拟质量力；液相介质的密度和固体颗粒的密度处于同一数量级，需考虑 Basset 力；阀门的进出口压差较大，在缩流截面处流场的压力变化剧烈，需考虑压力梯度力。在计算过程中，忽略颗粒的旋转，不考虑 Magnus 力；同时，在气-液-固三相流中，相对流动阻力而言，Saffman 升力很小，可忽略。因此，在阀内气-液-固三相流计算过程中，$\boldsymbol{F}$ 包括虚拟质量力、Basset 力和压力梯度力。

当固体颗粒相对于流体做加速运动时，在颗粒的推动作用下，其周围流体的速度也会相应增加。因此，由于需同时增加流体的动能和颗粒自身的动能，导致作用在颗粒上的力增加，所增加的附加力称为虚拟质量力，其表达式为：

$$F_\mathrm{vm} = K_\mathrm{vm} \frac{1}{2} \times \frac{\rho}{\rho_\mathrm{p}} \times \frac{\mathrm{d}}{\mathrm{d}t}(\boldsymbol{u} - \boldsymbol{u}_\mathrm{p}) \tag{3-16}$$

其中，$K_\mathrm{vm}$ 为虚拟质量力系数，其经验公式为：

$$K_{vm} = 1.05 - \frac{0.066}{M_c^2 + 0.12} \tag{3-17}$$

其中，$M_c$ 为加速度的模量，其表达式如下：

$$M_c = \frac{|V - V_p|^2}{\left| \dfrac{d}{dt}(V - V_p) d_p \right|} \tag{3-18}$$

Basset 力是一个瞬时流动阻力，与流动不稳定性密切相关，其理论表达式为：

$$F_B = 9 \sqrt{\frac{\mu\rho}{\pi\rho_p^2 d_p^2}} \int_{t_0}^{t} \frac{1}{\sqrt{t - \tau}} \frac{d}{dt}(v - v_p) d\tau \tag{3-19}$$

其中，$t_0$ 为加速的初始时刻。

流场中存在的压力梯度对颗粒的作用力，其表达式为：

$$F_p = \left(\frac{\rho}{\rho_p}\right) \nabla P \tag{3-20}$$

其中，$\rho$ 为流体密度；$\rho_p$ 为颗粒密度；$\nabla P$ 为压力梯度。

当颗粒运动为湍流时，在颗粒的作用力平衡方程式（3-13）中采用时均速度 $\bar{u}$ 预测颗粒的运动轨迹，并没有考虑湍流扩散对颗粒运动的影响。因此，需要对湍流脉动引起的颗粒运动进行修正，如颗粒随机游走模型（Radomwalkmodel）可以考虑湍流脉动（离散涡）导致的颗粒运动轨迹变化。采用随机脉动速度 $u'$ 和涡团生存时间 $\tau_e$ 来描述每个涡团的特征，因此介质的速度 $u = \bar{u} + u'$，$u'$ 满足高斯概率密度分布：

$$u' = \zeta\sqrt{\overline{(u')^2}} \tag{3-21}$$

其中，$\zeta$ 为服从正态分布的随机数；$\sqrt{\overline{(u')^2}}$ 为当地速度脉动的均方根值。由于流场中各个点的湍动能已知，则速度脉动量的均方根值为：

$$\sqrt{\overline{(u')^2}} = \sqrt{\overline{(v')^2}} = \sqrt{\overline{(w')^2}} = \sqrt{2k/3} \tag{3-22}$$

在随机游走模型中，随机脉动速度在三个方向上分量 $u'$、$v'$、$w'$ 满足：

$$\begin{cases} u' = \zeta\sqrt{\overline{(u')^2}} \\ v' = \zeta\sqrt{\overline{(v')^2}} \\ w' = \zeta\sqrt{\overline{(w')^2}} \end{cases} \tag{3-23}$$

对于大涡模拟模型，在各个方向的速度脉动是相同的。

离散涡团特征生存时间 $\tau_e$ 定义如下：

$$\tau_e = 2T_L \tag{3-24}$$

式中，$T_L$ 为流体拉格朗日积分时间尺度，其表达式近似为：

$$T_L \approx C_L \frac{k}{\varepsilon} \tag{3-25}$$

其中，$C_L$ 为经验常数。颗粒穿过流体涡团所需的时间 $t_{cross}$ 定义为：

$$t_{cross} = \tau \ln\left(1 + \frac{L_e}{\tau |u - u_p|}\right) \tag{3-26}$$

其中，$\tau$ 表示颗粒的松弛时间；$L_e$ 表示涡团长度尺度；$|u - u_p|$ 表示颗粒与流体的速度差。

在积分求解颗粒的动量方程过程中，颗粒和涡团的相互作用时间为涡团特征生存时间 $\tau_e$ 与颗粒穿过涡团所需时间 $t_{cross}$ 的较小值。当该时间结束后，将通过式（3-21）重新定义随机脉动速度，计算颗粒的下一个运动位置。

当颗粒穿越模型的控制体时，通过计算颗粒的动量变化来求解连续相传递给离散相的动量值，其关系式为：

$$F = \sum \left(\frac{18\mu}{\rho_p d_p^2} \times \frac{C_D Re}{24} + F_{other}\right) m_p \Delta t \tag{3-27}$$

其中，$\Delta t$ 为时间步长；$m_p$ 为颗粒质量流率；$F_{other}$ 为其他相间作用力。

离散相颗粒在运动过程中，会与材料表面发生碰撞和冲击反弹。因此，颗粒与壁面作用过程中会发生能量损失，导致颗粒碰撞后的反弹速度小于碰撞前的冲击速度。目前，通常采用颗粒碰撞的冲击反弹恢复系数来表征颗粒在碰撞前后的动量变化。冲击反弹恢复系数包括法向分量和切向分量，分别代表颗粒撞击壁面后，在沿壁面法向和切向方向的动量变化率，具有如下形式：

$$e_N = \frac{u_{p2}}{u_{p1}} \tag{3-28}$$

$$e_T = \frac{v_{p2}}{v_{p1}} \tag{3-29}$$

其中，$e_N$ 和 $e_T$ 分别为法向分量和切向分量；$u_{p1}$ 和 $u_{p2}$ 分别为在法向分量上颗粒碰撞前后的速度；$v_{p1}$ 和 $v_{p2}$ 分别为在切向分量上颗粒碰撞前后的速度。其系数从 0~1 反映了碰撞过程从完全弹性碰撞到完全非弹性碰撞的过渡。若颗粒与壁面碰撞过程为完全弹性碰撞，不存在动量损失，则法向和切向的冲击反弹恢复系数都为 1。若碰撞过程为完全非弹性碰撞，动量全部损失，则法向和切向的冲击反弹恢复系数均为 0。

关于颗粒的冲击过程的研究，学者多采用 Forder 等提出的冲击反弹恢复系数模型对颗粒与壁面的碰撞过程进行求解。在该模型中，法向分量 $e_N$ 和切向分量 $e_T$ 均为颗粒冲击角 $\theta$ 的函数，其表达式为：

$$e_N = 0.988 - 0.78\theta + 0.19\theta^2 - 0.024\theta^3 + 0.027\theta^4 \tag{3-30}$$

$$e_T = 1 - 0.78\theta + 0.84\theta^2 - 0.21\theta^3 + 0.028\theta^4 - 0.022\theta^5 \tag{3-31}$$

其中，冲击角 $\theta$ 为弧度值。

固体颗粒的存在会导致流道的冲蚀损伤，可以采用与颗粒运动参数耦合的磨损率模型。目前常见的磨损率模型主要有：

**（1）磨损模型一**

Finnie 等人进行过大量的刚性颗粒冲击柔软材料表面的实验研究，总结了下列公式：

$$Q = C \frac{m_p^2 v_p^n}{p} f(\theta) \tag{3-32}$$

其中，$C$ 是常数系数；$p$ 是屈服应力；$f(\theta)$ 是关于角度 $\theta$ 的函数。Finnie 通过实验获得速度指数 $n$ 的范围为 $2.2 \sim 2.4$，Gane 和 Murray 得到一个合理的 $C$ 值为 $0.5$，Finnie、Stevick 和 Ridgely 用氧化铝作为磨损颗粒冲击铝材表面，得到了适用于该条件下 $f(\theta)$ 公式：

$$f(\theta) = \begin{cases} \sin 2\theta - 3\sin^2\theta & \theta \leqslant 18.5° \\ \dfrac{1}{3}\cos^2\theta & \theta > 18.5° \end{cases} \tag{3-33}$$

**（2）磨损模型二**

Bitter 等人基于颗粒对材料表面的剪切和挤压作用建立了一套磨损模型。其假设高冲角条件下材料的损失主要是由于颗粒的挤压作用，挤压变形用 $Q_D$ 表示：

$$Q_D = \frac{m_p(u_p\sin\theta - u_o)^2}{2\kappa} \tag{3-34}$$

其中，$u_o$ 是材料发生弹性变形的临界速度；$\kappa$ 是移除单位体积材料所需的能量。

对于低冲击角的剪切作用，磨损方程为：

$$Q_C = \begin{cases} \dfrac{2m_p C_1(u_p\sin\theta - u_o)^2}{\sqrt{u_p\sin\theta}}\left(u_p\cos\theta - \dfrac{C_1(u_p\sin\theta - u_o)^2}{\sqrt{u_p\sin\theta}}\right)\eta & \theta < \alpha_{cr} \\ \dfrac{m_p[u_p^2\cos^2\theta - C_2(u_p\sin\theta - u_o)^{\frac{3}{2}}]}{2\eta} & \theta \geqslant \alpha_{cr} \end{cases} \tag{3-35}$$

其中，$C_1 = \dfrac{0.228}{\gamma}\left(\dfrac{\rho}{\gamma}\right)^{\frac{1}{4}}$；$C_2 = 0.82\gamma^2\left(\dfrac{\rho}{\gamma}\right)^{\frac{1}{4}}\left(\dfrac{1-u_p^2}{\varepsilon_p} + \dfrac{1-u_m^2}{\varepsilon_m}\right)$；$\eta$ 是剪切掉单位体积材料所需的能量；$\gamma$ 是极限弹性载荷；$\varepsilon_p$ 和 $\varepsilon_m$ 分别是磨损颗粒和材料的杨氏模量。

但是 Bitter 的模型依赖于材料的性能参数，这使得该模型在很多情况下并不方便，难以推广应用。

### （3）磨损模型三

Tabakoff 等人建立了一个包含了颗粒的冲击反弹恢复系数的磨损率半经验公式。其表达式如下：

$$E_r = K_A f(\theta)(u_p \cos\theta)^2 (1 - R_T^2) + f(V_{IN}) \tag{3-36}$$

$$R_T = 1 - 0.0016 u_p \sin\theta \tag{3-37}$$

$$f(\theta) = \{1 + CK[K_B \theta \sin(90/\alpha_o)]\}^2 \tag{3-38}$$

$$f(V_{IN}) = K_C (u_p \sin\alpha)^4 \tag{3-39}$$

其中，$\alpha_o$ 代表冲蚀磨损率达到最大值时的冲击角度，当 $\alpha < 3\alpha_o$ 时，$CK = 1$，当 $\alpha \geqslant 3\alpha_o$ 时，$CK = 0$。$K_A$、$K_B$、$K_C$ 以及 $\alpha_o$ 是常数，它们的值取决于磨损颗粒和靶材的类型，冲蚀过程分为低冲角和高冲角两种机制，所以该模型可以用于计算低冲角和高冲角颗粒冲击材料的磨损率分布。

### （4）磨损模型四

Menguturk 和 Sverdrup 针对煤灰对碳钢材料的磨损实验建立了一个经验公式，对于低冲角和高冲角之下的磨损率模型分别如下：

$$E_V = \begin{cases} 1.63 \times 10^{-6} (u_p \cos\theta)^{2.5} \sin(\dfrac{180}{45.4}\theta) + 4.68 \times 10^{-7} (u_p \sin\theta)^{2.5} & \theta \leqslant \dfrac{22.7}{180}\pi \\ 1.63 \times 10^{-6} (u_p \cos\theta)^{2.5} + 4.68 \times 10^{-7} (u_p \sin\theta)^{2.5} & \theta > \dfrac{22.7}{180}\pi \end{cases}$$

$$\tag{3-40}$$

其中，磨损率 $E_V$ 的单位是 $mm^3/g$，可以用公式 $E_r = E_V \rho_m$ 将体积磨损率的单位 $mm^3/g$ 转换成 $mg/g$。

### （5）磨损模型五

Ahlert 和 Mclaury 等人建立的磨损率模型，计算时包含了颗粒轨迹的冲击位置、速度和角度以及靶材的力学性能等，其公式为：

$$E_r = A u_p^n f(\theta) \tag{3-41}$$

$$f(\theta) = \begin{cases} a\theta^2 + b\theta & \theta \leqslant \alpha_o \\ x\cos^2\theta \sin(w\theta) + y\sin^2\theta + z & \theta > \alpha_o \end{cases} \tag{3-42}$$

其中，$E_r$ 是磨损率；$A$ 和 $n$ 是经验常数；$\alpha_o$、$a$、$b$、$w$、$x$、$y$ 和 $z$ 都是取决于被冲蚀材料的经验常数。

### （6）磨损模型六

计算流体力学商业软件 ANSYS FLUENT 提供了一个通用的磨损率模型，该模型通过求解颗粒的运动方程可以获得颗粒的冲击速度、冲击角度和冲击位置等过程参数，将上述参数代入冲蚀磨损模型，可获得壁面的冲蚀磨损状态。所需设置的初始条件和材料壁面边界条件等参数的具体数值可由实验获得。该模型的计算公式为：

$$E_r = \sum_{z=1}^{N_p} \frac{m_p C(d_p) f(\theta) v^{n(v)}}{A_{face}} \tag{3-43}$$

其中，$E_r$ 为单位面积上的磨损质量（磨损率）；$m_p$ 为磨料颗粒质量；$d_p$ 为磨料直径；$C(d_p)$ 为磨料颗粒直径函数；$v$ 为冲击速度；$n(v)$ 为冲击速度指数函数；$A_{face}$ 为壁面的冲蚀计算面积。

在上述模型中，涉及较多的常数需要通过冲蚀实验来确定，比如针对磨损率模型六，其 $f(\theta)$、$n(v)$ 以及 $C(d_p)$ 都需要实验来确定。比如针对 NiWC35 和烧结 WC 材料，利用相关实验所得的数据，计算并结合相关文献资料，可得相对磨损率及磨损模型参数（表 3-1），其中，$f(\theta)$ 可通过将磨损数据表达为分段线性方程来获得，计算两种材料的相对磨损率，当冲击角度分别为 45°、60° 和 90° 时，对应的 $f(\theta)$ 值可通过归一化处理，表现为分段线性函数；$n(v)$ 的值可通过代入前述计算所得的速度 180m/s 并进行拟合；实验所用的 $SiO_2$ 颗粒直径函数 $C(d_p)$ 值可取为 $1.2 \times 10^{-10}$。

⊡ 表 3-1　相对磨损率及磨损模型参数

| 材料 | 磨料量 /kg | 冲击角度 / (°) | 磨损质量 /g | 相对磨损率 / (g/kg) | $f(\theta)$ | $n(v)$ | $C(d_p)$ /$10^{-10}$ |
|---|---|---|---|---|---|---|---|
| NiWC35 | 2 | 90 | 1.39 | 0.695 | 0.256 | 2.02 | 1.2 |
| | 2 | 60 | 5.26 | 2.63 | 0.967 | 2.43 | |
| | 2 | 45 | 5.44 | 2.72 | 1 | 2.55 | |
| 烧结 WC | 4 | 90 | 0.54 | 0.135 | 0.534 | 2.04 | 1.2 |
| | 4 | 60 | 0.62 | 0.155 | 0.613 | 2.11 | |
| | 4 | 45 | 1.01 | 0.253 | 1 | 2.25 | |

针对上述模型，采用 Coupled 算法来求解压力和速度的耦合，采用二阶迎风格式离散相关项，初始条件和边界条件按照某企业黑水系统实际运行参数给定，可以获得可靠的数值模拟结果。

黑水阀内流场计算参数多样，结构特征丰富，求解模型复杂，实际计算时难以直接收敛，需要采取一系列策略来保证计算过程的稳定性和计算结果的可靠性，较为稳定的计算求解过程可分为以下三步：

① 首先开展连续相气液相变的流场域非定常计算，压力-速度耦合方法使用 Coupled 算法，此算法求解时更稳定，并设置较小的时间步长进行初期流场的计算，待计算平稳后可依次增大时间步长以加快非定常流场的计算速度，减少计算所消耗时间。

② 通过所获得的连续相初期流场，经过进一步计算获得稳定发展的闪蒸气液相分率流场。此时可以继续以加快的时间步长持续计算来得到充分发展的非定常流场，但其所花时间较长，为了加快此计算过程，可采取先转换为定常计算，由于前期得到的初期流场作为了此时的定常计算的初始值，其计算能稳定收敛且计算结果会往充分发展的闪蒸流场状态发展，经过短暂的计算即可再转化回非定常计算，再经过少量计算流场域已是充分发展的状态了。此方法计算快速，能方便判断流场的非定常稳定状态，但前提需获得较好的初期流场域来做初始值。

③ 在得到连续相充分发展的非定常流场后，开启离散相模型加入固体颗粒以及冲蚀磨损模型，开展气-液-固三相耦合计算，固体颗粒相随连续相计算次数进行迭代，依次运动直至从阀门入口进入从出口流出，其颗粒数量随着计算过程逐渐增加，待有大量颗粒从阀门出口流出时即可认为颗粒场发展完成。

## 3.2 黑水调节阀内流动的闪蒸特性

针对某石化企业中黑水角阀阀门开度为 40% 和 10% 时闪蒸过程进行了数值模拟。其中，实际工程案例中阀门正常开度约为 40%，极端工况下开度约为 10%。黑水角阀纵截面的速度云图和流线图如图 3-3 所示，1—1 断面图为阀门阀头下方阀座流道横截面，观察方向为从阀门上方向下看。

从图 3-3（a）中可以看到，阀门开度为 40% 时，高速流体主要集中在流道中部，流线较为平直，最大流速出现在阀芯与阀座的节流口处，流速数值为 197.62m/s；随后高速流体经过阀头节流口的倾斜角度流道，进入阀座流道时在其上端部分形成激烈的湍流，并在横截面上产生大量的漩涡，如图 3-3 中的断面图所示。观察图中流线可以大致得出湍流强度较大的区域在阀座流道上半部分。而图 3-3（b）显示，在极端工况时的 10% 开度下，高速流体进入文丘里管后，其流线不再平直，而是向四周散开，流线波动剧烈，说明流动的湍流强度更大。阀芯节流口的最大流速也剧增至 303.96m/s，其 1—1 截面所示的涡流流线也更加扭曲，湍流区域长度同时变得更长，说明流动的流场结构更加复杂，可使固体颗粒的运动速度更快，对流道结构的磨损将更加严重。

图 3-4 和图 3-5 分别给出了开度为 40% 和 10% 时黑水角阀纵向截面上的气相体积分数云图，并在云图右侧分别给出了在阀头下边阀座流道上端、套筒入口处以及文丘里管入口上边套筒出口处的横截断面气相分布云图，如图中 1—1、2—2 和 3—3 截面所示，其中观察方向为从阀门上方向下看。

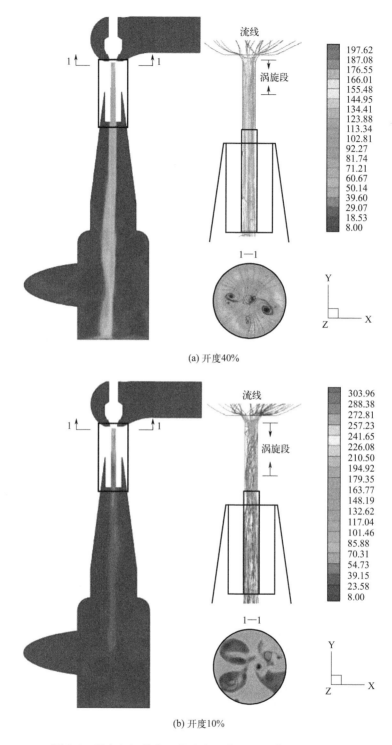

(a) 开度40%

(b) 开度10%

**图 3-3** 黑水角阀纵截面的速度和流线云图（单位：m/s）

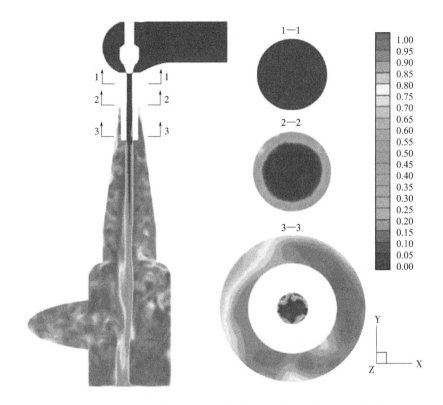

**图 3-4** 黑水角阀纵向截面的气相体积分数云图（开度 40%）

从图 3-4 中可以看到，在正常开度 40%时，液相主要集中在流道中间，进入文丘里管后蒸发加快，并有较小的波动，直至缓冲罐底面，在文丘里管及缓冲罐内四周则充满了混合的气-液相，且气相体积分数在 0.7 以内；从右边三个断面图可以看到，在阀座入口已产生微弱的蒸发，至套筒入口则在其壁面四周产生较大的蒸发，气相体积分数可达 0.75，而到达套筒出口时出现明显的气相体积分数为 1 的气相，流道中间液相仍较为集中。

从图 3-5 可以看到，在极端工况 10%开度时，其闪蒸过程更为激烈，在阀座入口处小范围内已产生较高的气相体积分数，到达阀套入口时四周产生较高的气相体积分数，且由于涡流较为紊乱，气相也大量扩散进入中间流道部；随后可以看到，阀套流道内形成明显的环状流，从断面 3—3 阀套出口看到，流道中间主要集中为气相，另外，此环状流仍受波动涡流作用，其左右液相集中区域大小相差较大，且右侧液相有向中间脱落的倾向；进入文丘里管后蒸发加剧，其周围充满明显的大范围的气相，越往下走进入缓冲罐后，气液相混合成一片，流动也极为混乱。

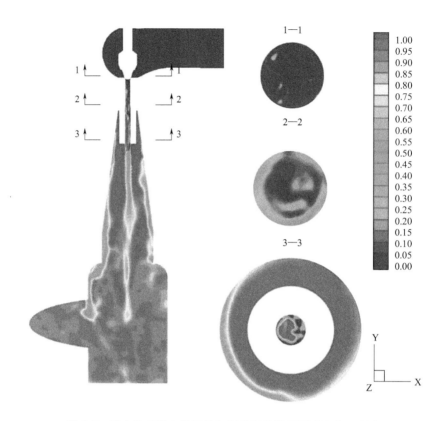

**图 3-5** 黑水角阀纵向截面的气相体积分数云图（开度 10%）

图 3-6 给出了开度 10% 时阀内气相体积分数 $\alpha_v = 0.1$ 的等值面。图中显示，黑水介质的闪蒸从衬套入口段开始发生，且闪蒸的初始位置靠近阀芯。结合图 3-4 和图 3-5 可以获得更详细的阀内流道的流场情况：阀内发生了剧烈的气液相变，闪蒸后生成的气相介质占据了阀芯出口衬套的下半部分、文丘里扩管、缓冲罐以及出口管道的大部分空间。在出口管道处，气相的体积分数达到 95.8%，与工艺计算的结果（96.7%）基本一致。在缓冲罐区域，由于缓冲罐开口位于侧面且存在盲端，黑水及其闪蒸后介质的流动变化较为剧烈且流动结构复杂，气相的体积分数分布不均匀。黑水角阀内流体流经节流元件时，由于流体的受压迫程度较强，在节流部位压力低于介质的饱和蒸气压，出现闪蒸现象。由于不同开度下，阀前后压降值有差异，开度越小，其发生闪蒸的现象就越激烈。阀门在不同开度下，流体在节流部位的流速以及压降的变化趋势基本相同，但随着阀门开度越小，流速的变化就越激烈，最大流速越快，阀芯近壁面处的压力值越小，闪蒸率越高，阀门损坏的程度也就越大。

**图 3-6** 高压黑水角阀内气相体积分数为 0.1 的等值面

图 3-7 给出了开度 10% 时阀芯附近介质凝结速率分布的云图，其中正值代表蒸发，负值代表凝结。可以发现，在阀芯壁面及下游的衬套区域内，以介质的闪蒸为主，凝结速率非常小。由于流场内不存在明显的压力恢复区，气相凝结速率的绝对值最大仅为 $5.4 \times 10^{-6}$ kg/（$m^3 \cdot s$）。因为介质的凝结速率与材料的气蚀破坏和露点腐蚀直接相关，由此可以判断阀芯的失效主要以颗粒的冲蚀磨损为主，不存在气蚀和强烈的露点腐蚀。

## 3.3 黑水调节阀内元件的高温高速冲蚀磨损失效

### 3.3.1 阀芯及出口管道的冲蚀磨损预测

在煤化工的原料制备、物料输送和分离过程中，都存在不同浓度的固体颗粒，煤气化装置中的高压黑水、灰水系统，都含有高浓度的煤粉颗粒，部分介质

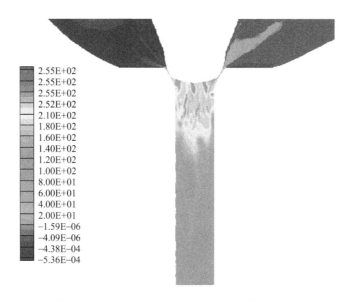

| 2.55E+02 |
| 2.55E+02 |
| 2.55E+02 |
| 2.52E+02 |
| 2.10E+02 |
| 1.80E+02 |
| 1.60E+02 |
| 1.40E+02 |
| 1.20E+02 |
| 1.00E+02 |
| 8.00E+01 |
| 6.00E+01 |
| 4.00E+01 |
| 2.00E+01 |
| -1.59E-06 |
| -4.09E-06 |
| -4.38E-04 |
| -5.36E-04 |

**图 3-7 高压黑水角阀内介质的凝结速率分布云图**

中颗粒质量含量高达 12%～15%。固体质量分数较高的黑水在高速流动中对黑水角阀阀座形成冲刷腐蚀造成破坏。流体在阀门的流场分布及流速分布对黑水角阀阀体及阀芯阀座等节流零部件的使用寿命产生巨大的影响。

由于黑水阀前后压差大，节流口处流动速度过高，会出现大面积的闪蒸现象。闪蒸会进一步增加黑水介质的流速及其流动的湍流强度。进而，文丘里管内闪蒸激烈，含固液相会向四周强烈扩散，高速的含固流体极易对阀芯及文丘里管造成冲蚀，进而引起阀芯断裂、管壁减薄、穿孔等失效现象。黑水阀磨损失效普遍，根据现场收集的各零部件失效形貌，其阀芯部分的磨损失效形式如图 3-8（b）所示，与完整阀芯［图 3-8（a）］相比磨损严重，设计结构已完全磨平，在阀芯头部有明显的长条状磨损面，可知阀芯头部含固液相磨损强度巨大。

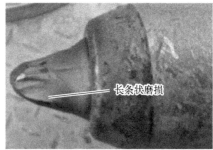

长条状磨损

(a) 完好阀芯　　　　　　　　　　　(b) 磨损后阀芯

**图 3-8 黑水阀阀芯完好与失效后形貌**

文丘里管内部以及缓冲罐底部的磨损失效形貌分别如图 3-9（a）和（b）所示，图中文丘里管内部的中间部分可看到片状冲蚀磨损形貌，且局部减薄严重。缓冲罐底部出现局部减薄。

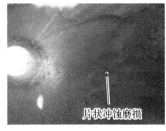 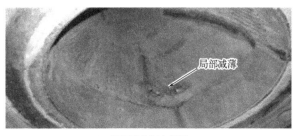

(a) 阀后文丘里管内部磨损图                    (b) 缓冲罐底部磨损图

**图 3-9　黑水阀文丘里管内部和缓冲罐底部冲蚀磨损形貌**

冲蚀磨损是引起材料破坏、管道减薄、设备失效的常见现象，其实质是材料在冲击载荷作用下的动态损伤、材料表面流失过程，尤其是硬质、不规则颗粒在高速输送过程中对材料磨损更加严重。其失效机理是多相流动、颗粒特性、材料性能、颗粒冲击过程等多因素耦合作用的结果（失效机理如图 3-10 所示），在不同的冲蚀环境下，失效机理差异较大。Mazumder 等人对单相流和多相流在不同流速下的冲蚀特性进行了实验研究，通过对比分析弯头质量损失程度和厚度损失程度来确定冲蚀行为和冲蚀模式，验证了液体不同流向以及液相种类的不同导致最大冲蚀磨损位置是不同的。Sarker 等开发了一个环面磨损测试仪用于行波管的管道流参数化磨损测试，在不同的速度和固体浓度下测试了不同的颗粒大小对管道的磨损减薄率，获取了行波管磨损数据的修正因子。赵健等通过建立钻头内流道冲蚀磨损的物理模型，研究了固液两相流粒子冲蚀钻头内流道磨损机制，获得粒子参数对内流道磨损的影响规律，总结出流量、颗粒体积分数、颗粒粒径等因

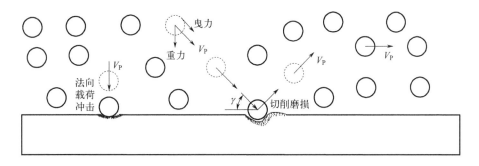

**图 3-10　颗粒冲蚀磨损机理简图**

素对钻杆接头的影响规律。陈虎等针对油套管材料存在的多相流冲刷腐蚀问题，采用旋转圆柱电极冲刷腐蚀实验装置并结合电化学工作站，通过电化学测试方法和失重法、腐蚀形貌观测法等，证明了 N80 钢在含砂粒的 NaCl 水溶液中随着流速的增大，冲刷腐蚀速率呈现先小幅增大后大幅增大的现象。

从生产单位集散控制系统（DCS）获得的操作参数和样品分析得到的流体物性数据列于表 3-2 中，得到数值计算所需边界条件，在此基础上便可计算分析阀内部的流动过程和流场信息。

▫ 表 3-2　数值模拟参数

| 操作参数 | 数值 | 介质物性参数 | 气相 | 液相 | 固相 |
|---|---|---|---|---|---|
| 进口压力/MPa | 6.33 | 动力黏度 $\mu$ / [kg/ (m·s)] | $1.503 \times 10^{-5}$ | $1.39 \times 10^{-4}$ | — |
| 出口压力/MPa | 0.8 | 饱和蒸气压/MPa | — | 3.714 | |
| 操作温度/℃ | 246 | 密度 $\rho$/(kg/m³) | 4.56 | 649 | 1727.8 |
| 操作开度/% | 30~45 | 进口质量流量/(kg/s) | — | — | 0.55 |

针对黑水阀正常开度的工况开展建模仿真计算，采用三维建模软件进行建模，用 ICEMCFD/FLUENTMASHING 进行网格划分，并对阀头节流口等流场特征变化激烈处进行网格加密，为了消除网格数量可能对计算结果的影响，在某一开度情况下创建了不同数量的网格，通过相同的计算设置最后计算得阀芯节流口处的速度流线分布云图，然后比较各自所得速度流线涡流状态以及分布云图，进行网格无关性验证，选择合适的数量级来进行计算域流场的网格划分。在进行黑水阀的仿真计算时，由于其流场的特殊性（气液固三相流动），为保证数值计算的稳定性及结果的准确性，设置的求解方法为：先计算连续相，待稳定后加入离散相。

黑水角阀的仿真计算中，将气、液两相视为连续相，将固体颗粒视为离散相，通过分析单个固体颗粒在连续介质中的受力，计算离散相与连续相间的动量传递，从而获得颗粒在流场中的运动规律。同时，由于颗粒在流场中的质量分数高于 10%，需考虑离散相和连续相的相互作用，即相间作用，则颗粒的位置在每个时间步长内的相间耦合迭代计算过程中都会进行更新。

黑水阀在实际的运行过程中，其阀头、阀座、文丘里扩张管等部位都存在不同程度的磨损，下面分别对阀门各个易磨损的典型部位进行分析，并对比两种开度下磨损状态的不同。阀座流道壁面的磨损分布云图如图 3-11 所示，可以看到，40% 开度时磨损影响区域主要在流道上部分，而 10% 开度时磨损影响区域扩散

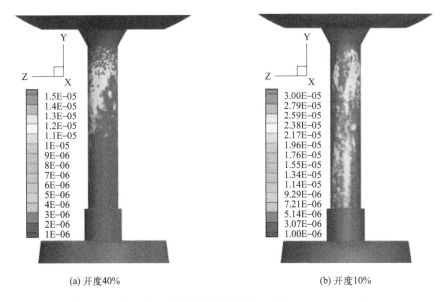

(a) 开度40%　　　　　　　　(b) 开度10%

**图 3-11** 黑水阀阀座流道壁面磨损分布云图（单位：kg/m²）

到阀座整个流道，通过前面分析的流线可以看出，其阀门节流口下面的紊流区域与磨损分布有着较大的关联，在紊流区域，颗粒在连续相携带作用下更可能冲击壁面从而造成磨损，其磨损最严重的区域也主要在紊流强烈的阀座上部壁面，且10%开度由于流速更高，其最大磨损速率也比 40%开度时高一倍。阀芯壁面的磨损分布云图如图 3-12 所示，可以看到 40%开度时阀芯磨损严重部位集中在阀

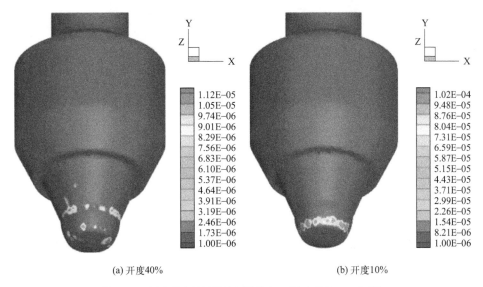

(a) 开度40%　　　　　　　　(b) 开度10%

**图 3-12** 黑水阀阀芯壁面磨损分布云图（单位：kg/m²）

头变径处，另外阀头前端面也存在部分磨损，由于前端面压力过低会有部分流体偏流或回流而对前端面造成磨损；而 10% 开度时磨损严重部位集中在阀头前端面轮廓线边缘一圈，该处流速最大，造成的磨损数量级也达到了 $10^{-4} kg/m^2$，远高于其他各处，也是实际阀门磨损最为严重的区域。

图 3-13（a）和（b）分别给出了阀门开度 40% 和 10% 条件下的文丘里管壁面磨损分布云图，可以看到 40% 开度时文丘里管壁面磨损严重部位并不大，这可以由前面流线分析可知，因此时的液相流动主体集中在流道中间，仅有少部分含固液相扩散冲击壁面，因此液体中存在的大部分固体颗粒对壁面的冲击也相对较小，其磨损数量级要低一些。而 10% 开度时，文丘里管壁面的冲蚀磨损区域面积变大，并且最大磨损率也要高出两个数量级。由于此开度下的湍流强度较大，导致含固液相在流动中向四周扩散激烈，造成壁面的磨损程度增加。

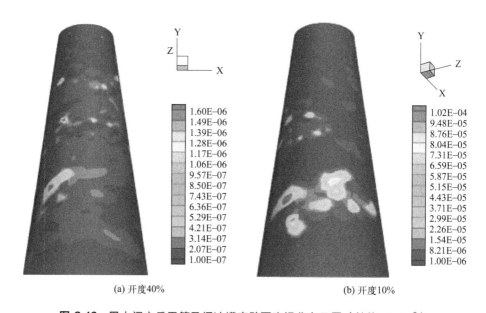

(a) 开度40%　　　　　　　　　　(b) 开度10%

**图 3-13**　黑水阀文丘里管及缓冲罐底壁面磨损分布云图（单位：kg/m²）

### 3.3.2　阀芯失效过程分析

为进一步分析高压黑水调节阀阀芯的失效过程，明确其在运行过程中的失效机理，选取阀门在不同运行阶段的两种典型损伤结构进行几何建模和数值模拟，研究阀门及相连管道的冲蚀磨损和气蚀规律。图 3-14（a）和（b）分别为运行中期和运行后期阀芯的典型损伤结构，开度都保持在 40%。

图 3-15 给出了运行中期黑水调节阀流道内的速度分布云图。与图 3-3 对比可

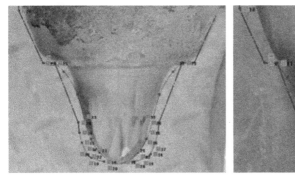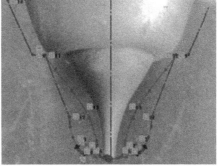

| (a) 运行中期 | (b) 运行后期 |

**图 3-14** 高压黑水角阀阀芯失效过程的几何建模

知，阀芯结构的改变影响了阀内速度场的分布。由图 3-15 可知，阀芯前端的材料损失导致流阻下降、流量增加。缩流截面最窄处的流速由原先的 200m/s 降低至 125m/s。文丘里扩管区域内则出现最高流速，达到 139m/s。液相介质在阀芯出口处大量闪蒸，又以在文丘里扩管区域内的闪蒸最为剧烈。闪蒸生成的气相介质占据了文丘里扩管以及缓冲罐区域大部分空间，导致液相介质的流动面积较小，流速较高。同时，高流速区与缓冲罐的底部较为接近，会对底部壁面造成强烈的冲击。

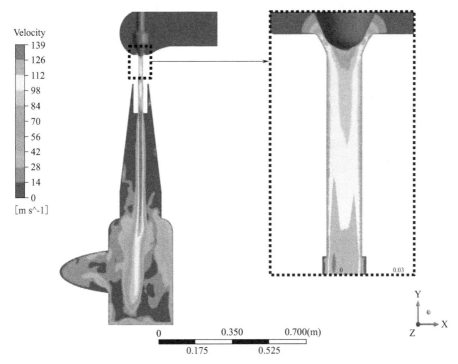

**图 3-15** 运行中期高压黑水调节阀流道内的速度场分布

图 3-16 给出了运行后期黑水调节阀流道内的速度分布云图。由图右侧的局部放大图可以看出，随着调节阀阀芯损伤加剧，调节阀的节流面处的流通面积会逐步增加，因此调节阀节流面以及出口的窄通道内的最高流速变小，仅为 100m/s。同时，阀门出口以后的高流速射流区域出现在文丘里扩张段以及缓冲罐内。图中显示高流速区域会随着阀芯的磨损减小后向阀芯下游移动，并几乎贯穿整个文丘里扩管和缓冲罐区域直达缓冲罐底部，这导致流动介质对缓冲罐底部表面的冲击速度较高，由此带来固体颗粒会以更高的速度冲击缓冲罐底部，对缓冲罐底壁面造成更严重的冲蚀损伤。也就是说，当黑水调节阀阀芯开始磨损减小后，会导致缓冲罐底部的磨损加剧。

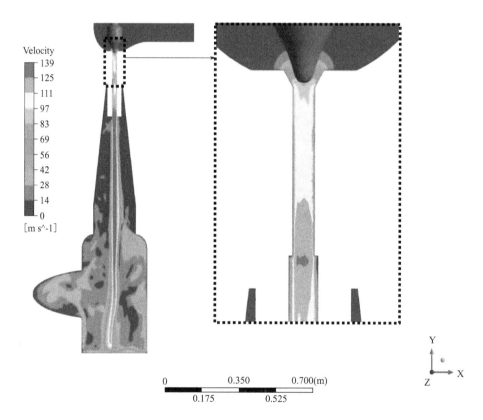

**图 3-16** 运行后期高压黑水角阀流道内的速度场分布

图 3-17 为不同运行时期的阀内流道的压力分布云图。可以看出，在两种不同损伤结构下，阀芯顶部前端均出现了较为明显的压力恢复区，由此带来阀芯前端形成一定的凝结区域。再与阀门运行初期相比，流场内压力变化的梯度减缓，这是因为流动的最大速度下降导致的。运行后期的阀门因阀芯磨损减小严重，导致阀门内节流面上游较远处就可以出现压力的下降，所以整个流场的压力分布更加均匀。

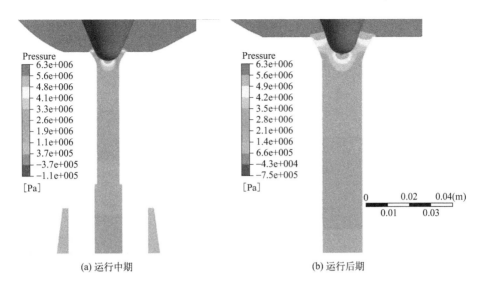

(a) 运行中期　　　　　　　　　　　　　　(b) 运行后期

**图 3-17　高压黑水角阀内流道的压力分布云图**

　　图 3-18 和图 3-19 分别给出了运行中期与运行后期黑水调节阀内的气相体积分数云图，左侧和右侧代表两个相互垂直的纵截面。与图 3-4 相比可知，在运行前期到运行后期，随着调节阀阀芯的尺寸减小，阀内流动的流量增加，阀内介质的闪蒸更加剧烈，这体现在阀后流道内的气相分率明显增加，导致闪蒸后的气相占据了文丘里扩管和缓冲罐区域的大部分空间。

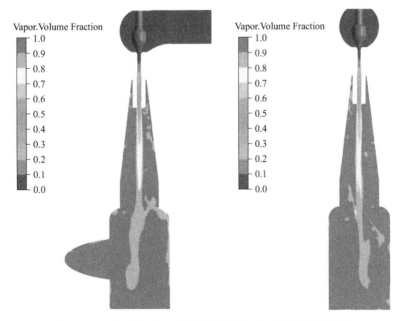

**图 3-18　运行中期高压黑水调节阀阀内气相体积分数云图**

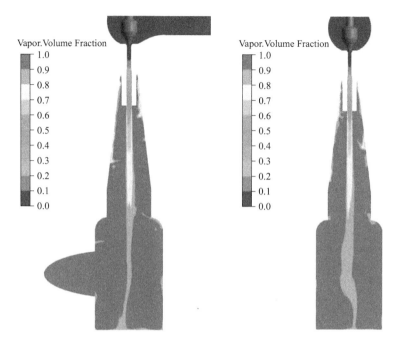

图 3-19　运行后期高压黑水调节阀阀内气相体积分数云图

　　图 3-20 为黑水调节阀阀芯表面在两个不同运行时期的蒸发凝结速率分布云图。可以看出，阀芯表面存在环状的高蒸发速率区域，而不存在气相介质的凝结区域。与阀门运行中期相比，运行后期阀芯表面的气液相变速率降低了 1 个数量级，蒸发速率的最大值从 $3.8 \times 10^3 \, \text{kg/}(\text{m}^3 \cdot \text{s})$ 降低至 $2.8 \times 10^2 \, \text{kg/}(\text{m}^3 \cdot \text{s})$。因此，从运行初期至运行后期，阀芯顶部区域的气液转化速率逐渐降低，因而在阀芯表面既不存在气蚀，也不存在结露导致的露点腐蚀。

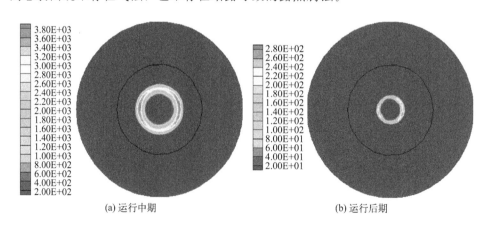

(a) 运行中期　　　　　　　　　　　　　(b) 运行后期

图 3-20　阀芯表面蒸发凝结速率分布云图

图 3-21 为两个运行时期的阀芯表面磨损率的分布云图。对比图 3-12 可知，在阀门运行过程中，随着阀芯因磨损出现尺寸减小，阀芯前端受冲蚀磨损的表面积逐渐增加。并且，越靠近阀芯顶端的位置，磨损率越高，材料流失更严重。与运行初期相比，缩流截面处的流速降低，颗粒对壁面的冲蚀作用减弱，因而最大磨损率相应减小。在运行中期，阀芯前端壁面的平均冲蚀磨损率量级为 $10^{-7}$ kg/ $(m^2 \cdot s)$，最大磨损率为 $1.3 \times 10^{-6}$ kg/ $(m^2 \cdot s)$ 左右。而在运行后期，阀芯前端冲蚀磨损率的量级在 $10^{-6} \sim 10^{-7}$ kg/ $(m^2 \cdot s)$，最大磨损率为 $2.8 \times 10^{-6}$ kg/ $(m^2 \cdot s)$。这是由于阀芯流道结构的改变加速了颗粒的冲蚀过程，导致冲蚀磨损率回升。因此，在整个运行周期内，调节阀阀芯的磨损过程并不是一直增加或一直减小，而是先减小再增加的过程。

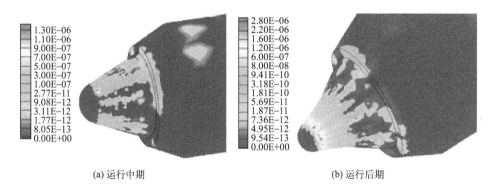

(a) 运行中期      (b) 运行后期

**图 3-21 阀芯表面磨损率分布**

综上所述，在高压黑水角阀的运行过程中，阀芯及缓冲罐的失效机理为颗粒的冲蚀磨损。在运行中期，与阀芯相比，缓冲罐底部具有更高的冲蚀磨损率；在运行后期，阀芯、缓冲罐底部和侧壁具有相同的磨损风险等级，会给现场的操作运行和管理造成很大的难度。

## 3.4 腐蚀的影响因素

腐蚀通常定义为材料由于其与环境之间的相互作用而发生的电化学劣化。腐蚀速率、形式和机理在很大程度上取决于材料特性、工作条件和环境。根据 Gale 等人的总结，通常存在十种腐蚀形式，这些腐蚀形式可以划分为两大类。一般或均匀腐蚀：它是最常见的腐蚀形式，发生在表面没有优先腐蚀点时，电偶腐蚀、空化腐蚀和微动腐蚀均属于均匀腐蚀类型。局部腐蚀或非均匀腐蚀：局部腐蚀不像均匀腐蚀那样常见，但它会导致更高的腐蚀速率。因为溶解集中在特定区域，并且不容易检测到，局部腐蚀的开始可能是钝化膜裂纹的结果，称为被动穿击。

　　冲刷腐蚀是腐蚀和冲刷的综合作用，是由金属表面上任何不稳定流体的快速流动引起的。腐蚀是材料降解的过程，主要是由于化学或电化学作用，而冲刷是纯粹的机械作用。这两个过程在液体环境中共同作用的综合效应被称为冲刷腐蚀。冲刷腐蚀现象不仅是电化学腐蚀与机械磨损的简单加和，还包括两者间相互作用的结果。暴露于流动介质尤其是含有固体颗粒的多相流，都会受到不同程度的冲刷腐蚀。

　　冲刷腐蚀作用显著高于单独作用过程的总和，这种净效应称为协同效应。正如许多研究人员所提出的，这种净效应是由于冲刷增强了腐蚀和腐蚀增强了冲刷。冲刷腐蚀协同效应对于全面理解材料的破坏至关重要，因此协同效应理论的研究吸引了相关研究人员的广泛关注。关于冲刷如何增强腐蚀，相关学者提出了三种机制。第一种机制是通过在金属表面形成纤维纹理来粗糙化金属表面，增加局部电化学活性和局部湍流，导致更高的腐蚀速率。第二种机制是破坏表面稳定的撞击颗粒引起的金属表面变形。第三种机制是保护层的破坏，导致暴露出易于发生更高腐蚀速率的未保护金属表面。另一方面腐蚀会使金属表面溶解并粗糙化，破坏晶界、相界和金属表面的加工硬化层，使冲击颗粒更深地渗入到金属表面造成更大的损伤，从而腐蚀促进冲刷。

　　关于冲刷腐蚀的大量研究已经开始明确冲刷和腐蚀及协同效应相关参数。Malka 等利用循环管流实验装置研究了管道突然收缩、管道突然膨胀和突起的实际流动环境中，腐蚀与冲刷过程的相互作用，并量化了它们之间的协同效应。研究发现冲刷增强了腐蚀，腐蚀增强了冲刷，两者协同效应显著，但主导过程是腐蚀对冲刷的影响。Stack 等评价 X52 在三种环境中的冲刷腐蚀行为时，认为含有原油的腐蚀环境会在一定程度上提供抗侵蚀的能力，绘制了腐蚀机理图并将冲刷腐蚀的正协同和负协同绘制在机理图中。

　　冲刷腐蚀各个过程受到多重因素的影响，这些因素的相互作用造成相关因素对冲刷腐蚀影响的实验研究需要耗费大量的精力。CFD 是一种强大的工具，可用于研究不同参数对冲刷腐蚀速率的影响，获得流场内部详细情况和颗粒运动轨迹及分布状态，进而对冲刷腐蚀区域和冲刷腐蚀速率进行预测，从而为分析冲刷腐蚀机理提供有效的辅助信息。Fluent 软件可用于模拟流体的流动、热传递、化学反应等一系列与流动相关的物理现象。它内置丰富的物理模型，可用于求解分析在复杂几何区域内的流体流动与热交换问题。对于湍流状态下的流场求解，Fluent 软件提供了标准 $k\text{-}\varepsilon$ 模型、RNG $k\text{-}\omega$ 模型、带旋流修正的 $k\text{-}\varepsilon$ 模型、标准 $k\text{-}\omega$ 模型、SST $k\text{-}\omega$ 模型、RSM 模型等一系列湍流模型。用户可以根据不同的情况来选择相应的模型进行求解，以达到最佳的收敛速度与求解精度。

　　随着计算流体力学的发展，国内大量学者都开始采用数值模拟的方法来研究流体流动对腐蚀产生的影响。雍兴跃将数值计算与实验研究相结合，研究了在

3.5％ NaCl 溶液中湍流状态下碳钢的腐蚀情况，验证了临界流体力学参数对流动腐蚀影响的重要作用；梁光川应用数值模拟方法对输油管道的弯头冲蚀进行了分析，验证了弯头为较易腐蚀的部位。现阶段的流动腐蚀数值模拟方法都是通过对腐蚀介质的流动进行数值模拟，并通过模拟所获得的流体力学参数结合实验研究获得数据来研究流动对腐蚀产生的影响。其中流体力学参数的选择往往依据流动介质的腐蚀机理结合实验数据来进行。

Watson 等通过对腐蚀磨损耦合行为的研究结果进行总结，认为磨损与腐蚀交互作用是材料腐蚀磨损耦合行为的研究重点，并对交互作用的定量分析进行了研究，提出了定量分析交互作用的方法。Iwabuchi 等研究了 Co-29Cr-6Mo 合金和 Ti-6Al-4V 合金在模拟体液中的腐蚀磨损行为，并采用脉冲电位的方法模拟钝化膜破坏后所形成的新鲜表面的腐蚀特征，测定了纯腐蚀量和腐蚀对磨损的促进分量。Anna 等利用 EIS 方法研究了高碳 Co-Cr-Mo 合金在人工体液中不同电位条件下的腐蚀磨损性能。Stack 对 X52 碳钢在不同的腐蚀环境中的磨蚀行为进行研究时发现，含有原油的腐蚀环境可以在一定程度上提高碳钢抗侵蚀的能力。

如前所述，黑水角阀内黑水中含有硫、氯、氮等具有很强腐蚀性的水溶性化合物，因此阀芯、阀座等零件表面在受到黑水内固体颗粒磨损作用的同时，还会与周围的腐蚀介质发生化学或者电化学反应，导致表面上的材料加速流失。其中，黑水的 pH 值是影响黑水角阀冲刷腐蚀作用的一大因素，由于黑水角阀工况较为严苛，故其介质腐蚀性对冲刷腐蚀作用的影响较小。但关于含腐蚀性介质多相流的管道的研究居多，其冲刷腐蚀原理相差无几。

陈虎等针对油套管材料存在的多相流冲刷腐蚀问题，采用旋转圆柱电极冲刷腐蚀实验装置并结合电化学工作站，通过电化学测试方法和失重法、腐蚀形貌观测法等，证明了 N80 钢在含砂粒的 NaCl 水溶液中随着流速的增大，冲刷腐蚀速率呈现先小幅增大后大幅增大的现象。刘莉桦等人在油气管道两相流体冲刷腐蚀的研究中，发现影响冲刷腐蚀的因素大致分为三个方面，包括流体的流动、第二相的存在以及流体介质本身的特性。流体的流动引起冲刷，第二相的存在加速了冲蚀的进程，流体中存在的腐蚀性介质是导致管材产生内腐蚀的直接因素。杜明俊等人建立了热流固耦合控制方程，借助 Fluent 和 Ansys 软件对多相介质流经管道弯头进行了流场和应力、应变分析，探讨了不同入口速度、管径、弯径比、流体温度对弯头冲蚀失效的影响，并提出适当降低流速、增大管径和弯径比、升高流体温度均可以有效缓解管道的冲蚀破坏。

目前研究主要集中于单独腐蚀或者流动条件下的腐蚀行为对材料的损伤过程，还缺少腐蚀磨损耦合条件下黑水调节阀各部位的损伤速率及损伤位置的准确预测结果，这将成为制约黑水调节阀系统设计的瓶颈所在，需要在以后的研究中予以重点关注。

## 3.5 黑水调节阀门的结构优化设计准则

上述分析发现黑水调节阀的阀芯损伤主要是节流面流速过快造成的，由此设想对黑水调节阀重新设计以降低最大流速为目标，尝试降低固体颗粒的冲蚀磨损速率，进而延长高压黑水调节阀的使用寿命。由此可以采用以下设计方案改进阀芯及流道结构：

① 阀芯形状摒弃传统的渐缩型，考虑采用哑铃型阀芯结构。把节流面的长度延长，使阀芯在顶部上、下区域都有较小的流道，实现二级降压。并设法将黑水介质的闪蒸过程控制在阀芯的下半区域，从而更好地保护阀芯的上半区域，减少阀芯的材料流失，保证阀门的调节性能。

② 针对文丘里扩管壁面的磨损，在阀芯出口后使用扩张角度更大的文丘里扩管，通过增加扩张角度以增加介质的流通面积，降低流速，同时还能减少固体颗粒的撞击角度，进而降低固体颗粒对其的冲蚀磨损损伤。

③ 在前述研究中发现阀门开度过小也是导致磨损增加的原因之一，因此，通过改变黑水调节阀的 $C_v$ 值，使阀门工作过程中的开度提高至 $40\%$。阀芯开度越大时，哑铃型阀芯所起到的二级分压效果更明显。

④ 在材料选取上，黑水调节阀阀芯采用 316L 外部整体烧结 WC 材料，而文丘里扩管采用整体碳化钨制造，通过增加材料的耐磨性能，进而减轻颗粒对阀芯以及文丘里扩管内壁的冲蚀磨损。

改进后的高压黑水调节阀结构示意图如图 3-22 所示。

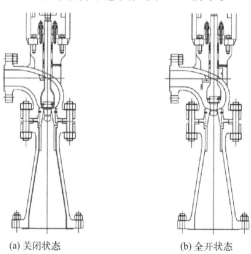

(a) 关闭状态　　　　　　　(b) 全开状态

**图 3-22　高压黑水角阀阀芯及流道结构的改进**

为验证高压黑水角阀阀芯及流道结构改进后的耐流动冲蚀磨损效果，采用前述已建立的数学模型和计算方法，开展阀内介质闪蒸过程及冲蚀磨损预测。

图3-23给出了改进的黑水调节阀内介质的流线图，其中右图为左图中方框内的局部放大。对比改进前的流线图可知，当阀芯出口采用扩张角度更大的文丘里扩管后，黑水介质在流经阀芯后，流速迅速降低。同时，黑水介质在阀芯出口下游区域，流动较为紊乱，形成多个较大的漩涡。这种湍流强度的增加会导致阀芯的振动增加，这就要求对阀芯、阀座以及调节装置的设计增加相应的尺寸和韧性以减少湍流强度增加带来的振动。另外，大部分介质通过出口管道直接进入高压闪蒸罐，仅有少部分介质能够到达缓冲罐底部。因此，介质对罐底壁面的冲击作用大幅度削弱。

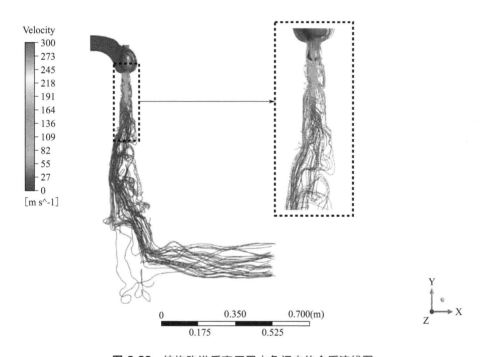

**图3-23** 结构改进后高压黑水角阀内的介质流线图

图3-24给出了阀内介质的速度分布云图。当阀内流道结构改变后，介质的速度分布发生明显改变。在阀芯和阀座的交界处，流速最高，速度最大值为100m/s左右。与改进前对比，阀头纺锤体结构明显起到了缓慢降压和降低最大流速的效果。阀芯下游存在局部的高流速区，该区域内的速度范围为$60 \sim 85m/s$。对比开度为10%条件下的速度云图可知，阀芯下游区域采用两级扩张结构后，原先流道中心较为狭长的高流速区域消失，高流速区域被限制在第一级扩张区域内。缓冲罐区域内介质的流速较低，对缓冲罐底部及侧壁的冲击作用明显减弱。

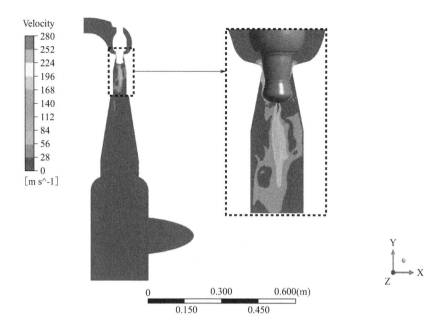

**图 3-24   结构改进后阀内的介质流速分布**

改进后的黑水调节阀内流道的压力分布如图 3-25 所示。对比开度为 10％条件下的原阀门流道内的压力云图可知，改进后阀芯下游的流场具有更高的压力。同时，流场低压区域明显减小，压力变化趋于平缓。从图 3-25 右侧放大图中的流道变化可以看到，从阀芯开始收缩到末端在膨大的过程中，阀门流道面积的变化不大，这也是阀门流道内压力变化平缓的原因。

图 3-26 给出了改进后黑水调节阀流道内气相体积分数云图，从纵截面可以看到，闪蒸在阀头、阀座以及套筒内已激烈进行，进入文丘里管和缓冲罐时已发展充分；断面 1—1 为阀头纺锤体缩进处横截面，从上往下看，此处已有部分区域发生闪蒸，已有较高的气相分率。闪蒸主要从阀门入口对侧的位置开始发生，说明阀门入口导致的偏流对闪蒸有一定的影响，需要进一步扩大阀腔的体积以降低这一影响。断面 2—2 为阀头下边流道横截面，可以看到入口方向上（图中左右两边）气相分率较高区域的面积已显著扩大，该区域内气相体积分数范围为 0.7~0.9，含固液相则在上下两边较为集中，这也是因阀腔体积不够大而受入口位置影响导致的。断面 3—3 为套筒入口横截面，可以看到气相体积占区域面积更大，液相占比更小，其闪蒸发展已较为充分。在阀芯出口下游的第一级扩张段内，闪蒸开始发生。介质进入第二级扩张段后，流动稳定性有所提高。在缓冲罐区域，90％以上液相介质已经闪蒸。在出口管道处，气相体积分数均值为 0.92。与原结构相比，由于阀芯出口下游流场内的整体压力升高，介质的闪蒸过程减弱。

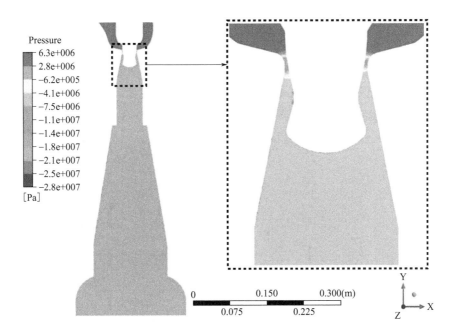

**图 3-25** 结构改进后阀内流道的压力分布

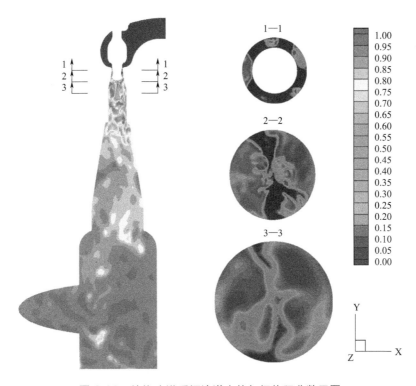

**图 3-26** 结构改进后阀流道内的气相体积分数云图

改进后的阀芯表面的黑水介质蒸发凝结速率分布如图 3-27 所示。可以看到黑水介质的闪蒸从阀芯的下半区域开始发生。在阀芯顶部二级节流的交界处以及阀芯顶端，存在局部的压力恢复区，在压力恢复区域范围内，压力回升，黑水介质的蒸发速率降低了 1 个数量级。然而，阀芯顶部的壁面区域内不存在气相介质的凝结，不会发生气蚀或者露点腐蚀。

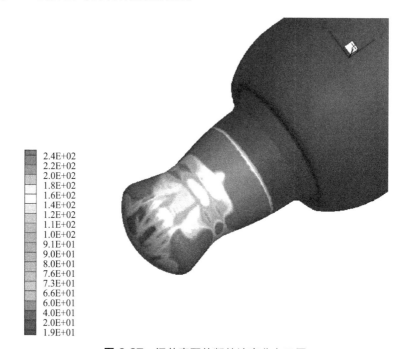

**图 3-27 阀芯表面的凝结速率分布云图**

图 3-28 给出了改进后黑水调节阀芯壁面以及阀门出口文丘里扩管区域磨损率的分布云图。可知，磨损率最高的区域位于阀芯的下半部分，磨损率最大值为 $2 \times 10^{-5}$ kg/（m²·s）左右，这与设计初衷相一致，即在阀门使用过程中，将冲蚀磨损较大区域转移到阀芯的膨胀末端，以增加阀门的使用寿命。其次，在阀芯出口文丘里扩管区域也存在磨损，磨损率分布较为均匀，最大磨损率为 $5.0 \times 10^{-6}$ kg/（m²·s）。与原先结构下阀内件磨损率对比可知，阀芯顶部的磨损率降低了 1 个数量级，原先位于衬套段的磨损转移到文丘里扩管的中下段。文丘里扩管处的磨损率比原先衬套段的磨损率降低了约 2 个数量级，冲蚀磨损风险大幅度降低。因此，通过改进高压黑水角阀的流道结构，可以有效抑制阀芯顶部的材料流失，同时控制阀芯下游文丘里扩管处的冲蚀磨损风险。

(a) 阀芯壁面

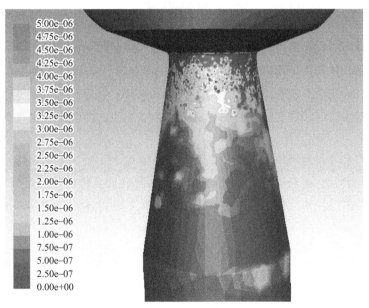

(b) 阀芯出口衬套

**图 3-28** 改进结构后黑水调节阀内的磨损率分布云图

# 第**4**章

# 闪蒸阀缓冲罐的失效预测

## 4.1 缓冲罐内流动过程与冲蚀磨损

气化炉和洗涤塔排出的黑水首先进入角阀，然后沿文丘里管向下扩张，最后通过缓冲罐的反冲后转向高压闪蒸塔。设置缓冲罐的目的在于防止携带大量固体颗粒的闪蒸后黑水蒸汽直接高速冲击闪蒸塔的壁面。这种冲击容易造成闪蒸塔壁面材料的损伤破坏，在实际工程中，缓冲罐盲端法兰的损伤失效也是黑水系统常见的故障之一。

高压黑水角阀的进出口压降较高，阀内高温黑水介质在流动过程中易发生闪蒸。黑水闪蒸后会出现大量的气相介质，导致流速迅速增加，形成高速气-液-固三相流动。由于多相流中含有高浓度的固体颗粒，在流体的加速作用下，颗粒会沿着阀门流道方向高速冲向缓冲罐盲端，导致缓冲罐底部区域出现严重的磨损。

对某公司煤气化装置黑水系统检测发现：自试车以来，黑水处理系统运行 1 个月后，黑水调节阀下游缓冲罐一直出现较大的振动，停车期间对缓冲罐检查时发现，缓冲罐内衬陶瓷碎裂、脱落，碎片进入闪蒸罐并与黑水中的固体介质混合一起堆积在缓冲罐底部。同时，发现部分陶瓷碎片进入真空闪蒸罐底部的机泵过滤器处，堵塞了部分过滤器孔道，影响了机泵正常运行。

图 4-1 给出了某公司煤气化装置黑水系统的闪蒸阀缓冲罐底部的失效照片，图中显示黑水调节阀下游缓冲罐底部盲端法兰已经形成磨蚀穿孔。图 4-2 给出了黑水调节阀后缓冲罐陶瓷内衬照片，明显看到冲蚀痕迹，部分陶瓷内衬碎裂并发生脱落。初步分析可知：黑水调节阀前后压差大，节流减压瞬间，大量黑水瞬间汽化膨胀，大量含固体颗粒的闪蒸后蒸汽-黑水混合流体直接对缓冲罐进行冲刷和磨损，造成了缓冲罐壁面的冲蚀和盲端法兰的磨损；黑水调节阀后流体流动速

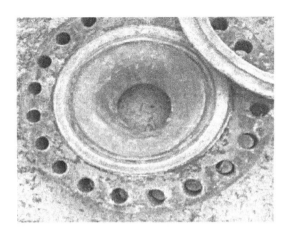

**图 4-1  缓冲罐底部失效形貌**

度快且流动不够稳定，诱导缓冲罐振动，并且缓冲罐直接放置在框架地面上，未安装减振装置，导致缓冲罐振动较大；陶瓷内衬具有耐磨性能好、硬度高、耐腐蚀等优点，但抗冲击强度差，在大幅振动情况下，容易出现裂纹和脱落现象。本装置黑水系统角阀及缓冲罐部位振动大、冲击力大，故不适合用在此位置。

**图 4-2  黑水调节阀后缓冲罐陶瓷内衬碎裂脱落情况**

为明确高压黑水角阀不同部位的材料失效机理，对缓冲罐底部的损伤区域进行取样，测试获得其微观损伤形貌，如图 4-3 所示。材料表面出现了多处颗粒压痕，且存在嵌入材料表面的固体颗粒。压痕的棱角分明，且四周有明显的凸起，是由形状不规则颗粒的高速冲击作用导致的。从放大倍数为 1300 倍的图片可知，除压痕外，材料表面还存在少量颗粒切削的痕迹。但与压痕相比，受损面中颗粒切削的面积较小，深度较浅。因此，该区域同时受到颗粒的大角度冲击和小角度切削作用。但颗粒的持续性大角度冲击对材料造成的挤压、锻造和破坏是失效过程的主导因素。

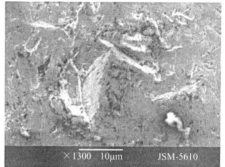

(a) 放大500倍　　　　　　　　　　(b) 放大1300倍

**图4-3　缓冲罐底部区域的微观损伤形貌**

采用前述的数值模拟方法以及数值模拟参数，对不同黑水调节阀开度、不同黑水调节阀结构下的缓冲罐内的流动状态和冲蚀磨损情况进行了数值模拟，模拟结果给出了缓冲罐损伤失效的机理。

图4-4给出了某装置上的黑水系统调节阀后缓冲筒在开度40％和10％条件下的流动速度截面分布。当开度减小时，缓冲罐内沿着黑水调节阀流道方向上的速度变小，相应地，冲击到缓冲罐壁面的流体和固体颗粒速度相应减小，可以减少缓冲罐的损伤。

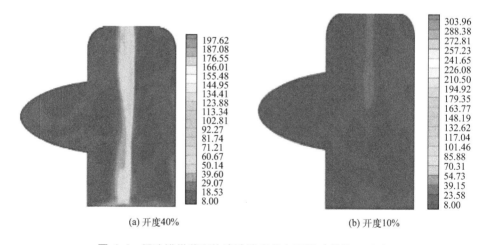

(a) 开度40%　　　　　　　　　　(b) 开度10%

**图4-4　缓冲罐纵截面的流动速度分布云图（单位：m/s）**

图4-5给出了某装置上的黑水系统调节阀后缓冲罐在调节阀开度40％和10％条件下的气相体积分数云图。当开度减小时，缓冲罐内的气相体积分数整体呈现增加态势，尤其在沿着黑水调节阀流道方向上的气相分率差别明显。这也是

小开度下缓冲罐内中心区域流速变小的原因。

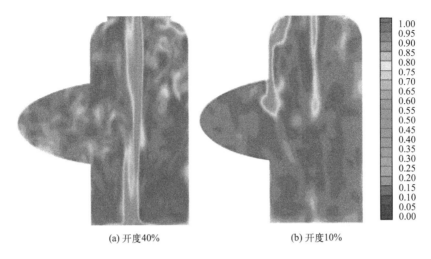

(a) 开度40%                                        (b) 开度10%

**图 4-5  缓冲罐截面的气相体积分数云图**

考察缓冲罐的冲蚀磨损情况发现，在黑水调节阀 10% 开度条件下，未发现缓冲罐的冲蚀磨损现象，而在 40% 开度时，因含固液相流量相对较大且聚集在中间并一直冲击到缓冲罐底部，因此会对缓冲罐底面造成较强的冲蚀磨损，如图 4-6 所示。在缓冲罐侧壁面没有发现冲蚀磨损现象，由此可以判断黑水缓冲罐侧壁面的陶瓷内衬损坏主要是由于振动以及温度冲击造成的。

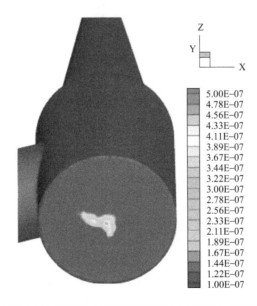

**图 4-6  黑水调节阀 40% 开度下缓冲罐底壁面磨损分布云图  [单位：kg/（m² · s）]**

随着装置的持续运行，黑水调节阀阀芯会被冲蚀磨损，此时对缓冲罐的影响也有所不同。图4-7给出了前述黑水调节阀的运行中期和后期时，黑水缓冲罐的冲蚀磨损情况。随着持续运行，由于冲蚀磨损导致阀芯变小，阀门内的流道结构发生改变，同时阀内介质流量也会增加，由此导致流道内的速度分布等流场参数随之改变。高流速区域从衬套的中下部向下游延伸，接近缓冲罐的底部。固体颗粒在高速气液两相流的挟带下，对罐底和侧壁造成了一定的冲蚀磨损。在运行中期，缓冲罐底部壁面的最大磨损率为 $1.2 \times 10^{-5}$ kg/ （ $m^2 \cdot$ s），比阀芯壁面处高1个数量级。此时，缓冲罐底部壁面具有更高的冲蚀磨损风险。而在运行后期，缓冲罐底部壁面的最大磨损率为 $3.0 \times 10^{-6}$ kg/ （ $m^2 \cdot$ s），与阀芯处的冲蚀磨损率处于同一量级。并且，颗粒在撞击罐底后存在上升和反弹过程，会与缓冲罐侧壁发生多次碰撞，导致缓冲罐侧壁发生二次冲蚀。此时，缓冲罐侧壁处磨损率的数量级为 $10^{-6} \sim 10^{-7}$ kg/ （ $m^2 \cdot$ s），也存在较高的冲蚀风险。冲蚀磨损最严重的位置与罐底的中心区域存在一定程度的偏移，这是由于黑水调节阀阀腔体积较小导致阀后介质存在偏流引起的。因此，在运行中期，与阀芯相比，缓冲罐底部具有更高的冲蚀磨损率。而在运行后期，阀芯、缓冲罐底部和侧壁具有相同的磨损风险等级，会给现场的操作运行和管理造成很大的难度。

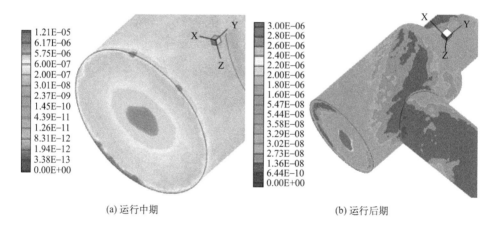

(a) 运行中期        (b) 运行后期

**图4-7　运行过程中缓冲罐底部磨损率分布**


## 4.2 缓冲罐结构对流动和冲蚀磨损的影响

缓冲罐的冲蚀磨损损伤主要原因，一是在运行过程中黑水调节阀大开度运行或随着持续运行造成阀芯磨损后导致缓冲罐损伤，二是流动的偏流和高速湍流导致振动诱导缓冲罐侧壁损伤。针对这一冲蚀磨损损伤机理，采取增加缓冲罐长径比的方式，或者采用突扩缓冲罐方式对缓冲罐进行重新设计。

因缓冲罐的结构对罐底及壁面的冲蚀磨损具有重要影响，下面重点分析缓冲罐长径比对其内部介质流动规律及冲蚀磨损率的影响。分别选取长径比为3∶1、4∶1、5∶1的缓冲罐开展数值计算，讨论不同条件下缓冲罐的冲蚀磨损速率，从而获得较优的缓冲罐设计方案。

## 4.2.1 长径比为3∶1时缓冲罐内流动及磨损

当黑水缓冲罐的长径比取3∶1时，黑水调节阀后及缓冲罐罐内介质流速和流线分布见图4-8。当缓冲罐长径比为3∶1时，缓冲罐内中上部流速分布不均匀，罐内气液两相流的流速范围为2～5m/s。

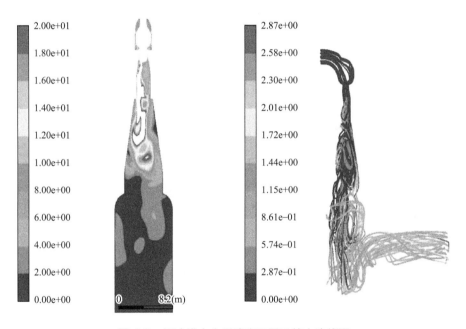

**图4-8　缓冲罐内介质速度云图及管内流线图**

在缓冲罐上游，黑水介质经过阀芯与阀座间的窄流道区域后迅速闪蒸，以较高的速度进入文丘里扩管。因此，该区域为介质流动高速区，最高流速约为287m/s。从流线图可知，气液两相流经过文丘里扩管后直接进入缓冲罐，大部分介质直接冲击缓冲罐底部。因此，介质对缓冲罐存在较为明显的冲击-反弹过程，之后向出口流动。

为进一步分析缓冲罐不同截面处的流速分布，在缓冲罐流动区域的同一水平面内取相互垂直的两条线，并提取线条上各个点的速度值，进一步明确其流动规律。各截面所在位置及线条提取方式如图 4-9 所示。

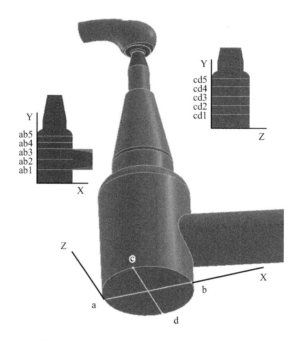

**图 4-9** 流动区域内截面及线条提取示意图

在图 4-9 中的缓冲罐底部，过罐底圆面中心分别作两条相互垂直线段，分别标记为 ab 和 cd；在与 ab 平行且垂直于底面的截面上按固定间距分别截取线段 ab1、ab2、ab3、ab4、ab5；在平行于线段 cd 且垂直于底面的截面上按固定间距分别截取线段 cd1、cd2、cd3、cd4、cd5。所选取的线段 ab1～ab5、cd1～cd5 基本覆盖罐内整个流动区域，需要能够准确描述缓冲罐内部流场变化，并具有代表性。为此，选取线段 ab1、ab2、ab3、ab4、ab5 依次为缓冲罐出口接管下壁、缓冲罐出口接管中心线、缓冲罐出口接管上壁、缓冲罐接管上半部 1/2 处和缓冲罐入口。

当长径比为 3 : 1，线段 ab1～ab5 的沿 X 轴正方向的速度分布如图 4-10 所示。图中显示，在靠近缓冲罐出口接管下壁面处（ab5），流速相对较低，平均速度范围为 0.5～2.4m/s。距离出口越近，流速越高。其原因在于介质在冲击缓冲罐底部后，会集中向出口处流动，造成此处速度陡增。线段 ab2 和 ab3 的速度变化趋势较为接近，速度峰值在 $X = 0.1$m 附近。线段 ab4 和 ab5 的速度变化趋势较为接近，速度峰值在 $X = 0.15～0.17$m 附近。线段 ab2～ab5 上的流速整体呈现先增大后减小的趋势，在出口处会略微回升。

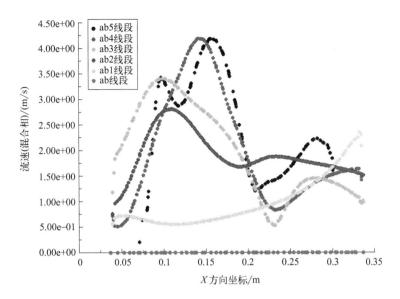

图 4-10　线段 ab1~ ab5 上的速度分布

在与 $X$ 轴垂直的 $Z$ 轴方向上，线段 cd1～cd5 的速度分布如图 4-11 所示。图中显示，线段 cd1～cd3 速度变化较为平稳，平均速度约为 1.5m/s。而线段 cd4 和 cd5 的速度变化较大，但两者趋势较为接近，在 $Z$ 轴方向上呈现先增加后减小的趋势。在距离出口 0.075～0.1m 处，速度出现峰值，为 3.5～4.0m/s。与线段 ab1～ab5 相比，线段 cd1～cd5 的速度波动较为明显，说明 cd 截面的流动分布较为紊乱。

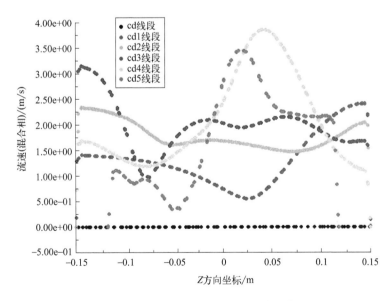

图 4-11　线段 cd1~ cd5 上的速度分布

最后再考察缓冲罐各个部位的冲蚀磨损情况，图 4-12 给出了缓冲罐底部的磨损率分布云图。从图中可知，磨损严重的区域主要集中在缓冲罐底部左侧，该区域靠近出口接管处。缓冲罐底面的磨损数量级为 $10^{-9}\mathrm{kg}/(\mathrm{m}^2 \cdot \mathrm{s})$，局部区域达到 $4\times10^{-9}\sim6\times10^{-9}\mathrm{kg}/(\mathrm{m}^2 \cdot \mathrm{s})$。

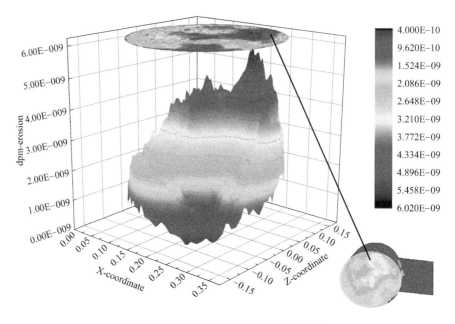

**图 4-12** 缓冲罐底部的磨损率分布云图

## 4.2.2 长径比为 4∶1 时缓冲罐内流动及磨损

加长缓冲罐的长度，长径比为 4∶1 时，罐内介质流速和流线分布见图 4-13。与图 4-8 对比可知，在 4∶1 长径比下，缓冲罐内两相流动流速分布的不均匀性增加，沿壁面四周的流速较大，中间区域的流速相对较低。黑水介质闪蒸后的最高流速约为 280m/s，但缓冲罐上游高流速区域的长度和范围有所减小。从流线图可知，介质经文丘里扩管后，依然存在明显的冲蚀反弹过程，之后向出口流动。

缓冲罐的内部线段 ab1～ab5 沿 X 轴正方向的速度分布如图 4-14 所示。从图中可知，线段 ab1～ab4 的速度变化较为平稳，速度变化范围为 0.5～2.6m/s。在 $X = 0.12\mathrm{m}$ 附近，速度最高。由于靠近缓冲罐上游，线段 ab5 的速度变化相对剧烈，当 $X = 0.16\mathrm{m}$ 时，速度达到峰值，约为 6.9m/s。同时，当坐标位置相同时，从线段 ab1～ab5，越靠近缓冲罐上游，流速越高。在 ab4～ab5 之间，流速存在突跃。

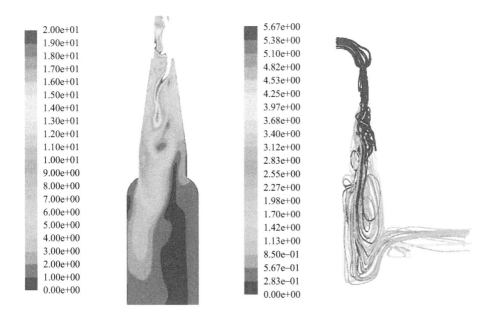

**图 4-13** 缓冲罐速度分布云图及缓冲罐流线图

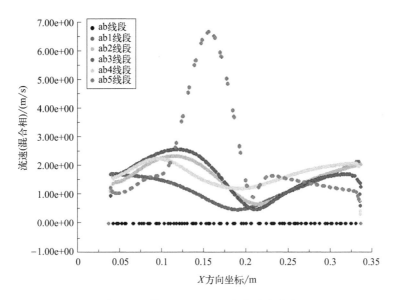

**图 4-14** 线段 ab1~ ab5 上的速度分布

缓冲罐的内部线段 cd1~cd5 沿 Z 轴正方向的速度分布如图 4-15 所示。从图中可以发现，线段 cd1~cd4 的速度变化趋势较为接近，从线段 cd4~cd5，流速变化存在突跃。线段 cd1～cd4 的速度峰值位于距出口 0.05m 附近，线段 cd5 的速度峰值位于距出口 0.1m 附近，最高流速为 7.2m/s。因此可判断，在 cd 截面处，气液混合相介质存在偏流，靠近缓冲罐的出口处，介质流量较大，流速较高。与长径比 3∶1 的黑水缓冲罐速度分布相比，其不均匀性和最大速度都有所增加。

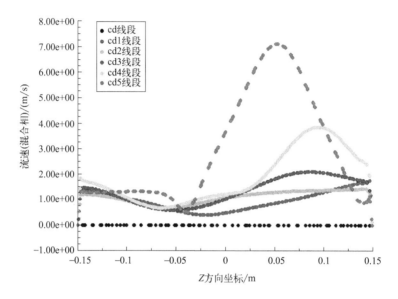

**图 4-15** 线段 cd1～ cd5 上的速度分布

当长径比为 4∶1，缓冲罐底部的磨损率分布云图如图 4-16 所示。从图中发现，黑水缓冲罐整体磨损率数量级为 $10^{-9}$kg/（$m^2$・s），局部区域达到 $3\times10^{-9}～5\times10^{-9}$kg/（$m^2$・s），磨损严重的区域主要集中在罐底面远离出口接管处。对比可知，随着长径比的增加，黑水缓冲罐磨损率分布的变化不明显，但其最大磨损率的数值明显降低。随着长径比增加，磨损严重的区域位置也会发生改变，会向缓冲罐出口接管方向移动。

### 4.2.3 长径比为 5∶1 时缓冲罐内流动及磨损

当缓冲罐长径比为 5∶1 时，缓冲罐内的流线如图 4-17 所示。在该长径比下，介质由文丘里扩管进入缓冲罐后，携带固体颗粒的多相流动与缓冲罐底面的冲击反弹过程减弱。同时，文丘里扩管及缓冲罐区域内，介质流线分布较为规则，不存在明显的流动转折和旋涡。

缓冲罐的内部线段 ab1～ab5 沿 $X$ 轴正方向的速度分布如图 4-18 所示。可以

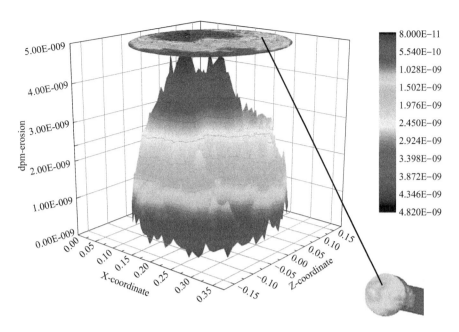

**图 4-16　缓冲罐底部的磨损率分布云图**

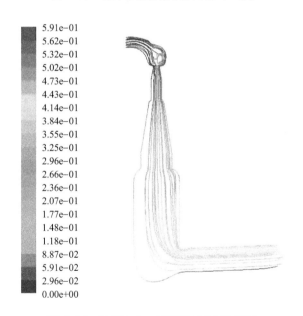

**图 4-17　长径比 5：1 时缓冲罐内流线图**

看出，线段 ab1～ab5 的速度分布没有明显的规律，除线段 ab5 外，没有明显的速度峰值。靠近缓冲罐出口侧的流速较高，原因在于该区域的介质流量较为集中。但与前两种情况相比，速度均匀性明显提升，同时最大速度的数值有所下降。

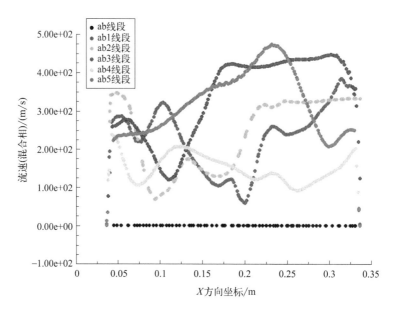

**图 4-18　线段 ab1~ ab5 上的速度分布**

缓冲罐的内部线段 cd1～cd5 沿 Z 轴正方向的速度分布如图 4-19 所示。与线段 ab1～ab5 的速度分布类似，靠近缓冲罐出口侧区域，介质流速较高。线段 cd3 不存在明显的速度峰值。线段 cd1、cd2、cd4 和 cd5 的速度峰值均集中在靠近出口侧区域，但峰值范围分布较宽。

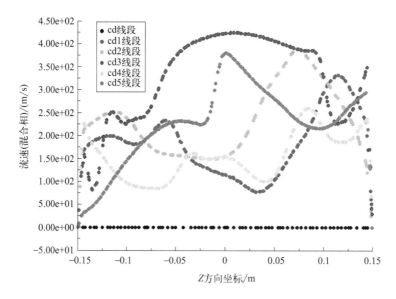

**图 4-19　线段 cd1~ cd5 上的速度分布**

当长径比为 5：1，缓冲罐底部的磨损率分布云图如图 4-20 所示。与长径比 4：1 情况对比可以发现，磨损严重的位置依然集中在罐底面远离出口接管区域，整体磨损率数量级并没有明显减弱，依然为 $10^{-9}$kg/（$m^2$·s）左右。在磨损严重区域，最大磨损率范围为 $4.5 \times 10^{-9} \sim 6.6 \times 10^{-9}$kg/（$m^2$·s），也没有明显变化。因此，当长径比从 4：1 增加至 5：1 时，磨损区域的量级并未发生明显改变。由于介质偏流较为严重，在局部区域，磨损率还有升高的趋势。因此，盲目增加黑水缓冲罐长径比并不能减弱盲端法兰以及侧壁的冲蚀磨损，反而因偏流导致磨损局部增加，同时诱导更大的振动，造成不良后果。因此黑水缓冲罐长径比控制在 4：1 以下更为合适。

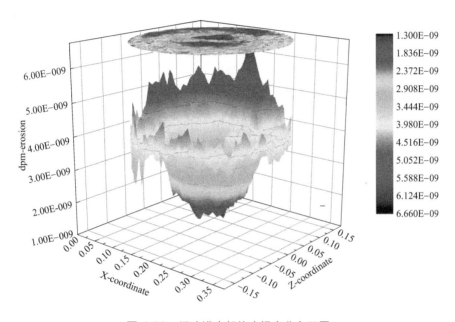

**图 4-20　缓冲罐底部的磨损率分布云图**

在三种长径比下，分别取缓冲罐底部的线段 ab 和 cd 进行分析，对比其磨损率的分布规律，如图 4-21 和图 4-22 所示。可以发现，在三种长径比下，缓冲罐底部壁面的磨损率数量级基本没有差异，均为 $10^{-9}$kg/（$m^2$·s）。而当长径比从 3：1 提高至 4：1 时，平均磨损率和最大磨损率都有较为明显的降低。当长径比进一步增加至 5：1 时，线段 ab 和 cd 上的磨损率平均值变化不大，而曲线的分布规律发生明显改变，同时磨损率的最大值出现明显增加的现象。在线段 ab 上，磨损率最大值由 $4.8 \times 10^{-9}$kg/（$m^2$·s）增加至 $5.7 \times 10^{-9}$kg/（$m^2$·s），在线段 cd 上，磨损率最大值由 $4.9 \times 10^{-9}$kg/（$m^2$·s）增加至 $5.6 \times 10^{-9}$kg/（$m^2$·s）。因此，在实际工况下，长径比为 4：1 的缓冲罐结构有更好的耐冲蚀磨损性能。

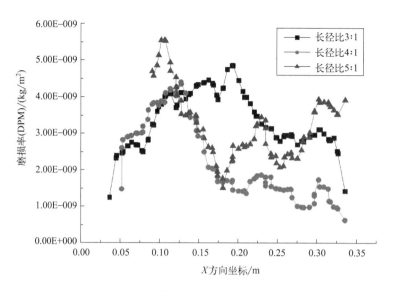

**图 4-21** 缓冲罐底部 ab 线上的磨损率分布

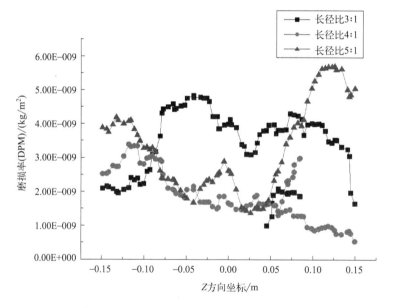

**图 4-22** 缓冲罐底部 cd 线上的磨损率分布

### 4.2.4 突扩型缓冲罐的磨损分析

突扩型缓冲罐是缓冲罐直径比黑水调节阀文丘里出口直径大,两者相连处的直径是突然变化的,并且在偏流处的缓冲罐壁面设置有挡板,以阻隔偏流造成的缓冲罐壁面的冲蚀磨损。图 4-23 给出其模拟计算得到的闪蒸罐冲蚀速率分布云图。黑水调节阀文丘里出口处管道的底部和缓冲罐内设置的挡板底部的冲蚀速率最大，说明此区域受到气液固三相流动的冲蚀最严重。黑水调节阀文丘里出口处管道底部多相流体携带颗粒直接撞击管壁，同时由于管道直径突廓带来在该区域形成的漩涡流动会卷吸颗粒摩擦壁面，导致管壁冲蚀严重。多相流动携带颗粒进入闪蒸罐后在偏流作用下直接冲击挡板，然后在挡板的导流作用下从两侧进入环形空间，所以在挡板中间由于碰撞作用冲蚀严重，而挡板两侧由于切削作用冲蚀也严重。挡板分流后的多相流体获得一定的径向速度，在 30°～60° 范围内到达外筒壁，然后在外筒壁的约束下继续流动，因此外筒壁的冲蚀主要发生在 30°～60° 范围，但此时气流速度相对较小，因而其冲蚀速率比挡板的减小约两个数量级。

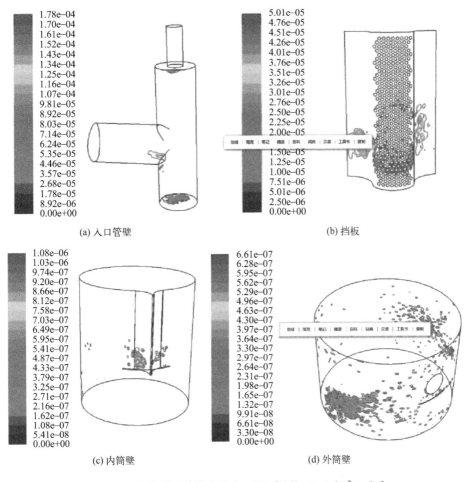

图 4-23　闪蒸罐冲蚀速率分布云图 [单位：kg/ (m² · s) ]

闪蒸罐内不同位置冲蚀速率的对比见表 4-1。表中数据表明黑水调节阀文丘里出口处管道底部的冲蚀速率明显大于其他位置，这是由于该区域气流速度最大，且流体转向和漩涡流最多，故导致壁面受到颗粒的较强碰撞和磨削。挡板是流体发生转向等能量转换的第 2 个位置，所以挡板的冲蚀速率仅次于入口管。进入环形空间后，流体的流动速度明显减小，闪蒸罐内、外筒壁和顶板处的冲蚀速率呈降低趋势。

⊡ 表 4-1　闪蒸罐内不同位置冲蚀速率的对比

| 位 置 | 最大冲蚀速率 / [kg/ (m² · s)] | 平均冲蚀速率 / [kg/ (m² · s)] | 总冲蚀量 / (kg/s) |
| --- | --- | --- | --- |
| 入口管 | $1.78 \times 10^{-4}$ | $3.31 \times 10^{-6}$ | $2.55 \times 10^{-5}$ |
| 外筒壁 | $6.61 \times 10^{-7}$ | $9.84 \times 10^{-9}$ | $3.56 \times 10^{-7}$ |
| 挡板 | $5.01 \times 10^{-5}$ | $4.89 \times 10^{-7}$ | $1.10 \times 10^{-6}$ |
| 内筒壁 | $8.06 \times 10^{-7}$ | $5.49 \times 10^{-10}$ | $1.12 \times 10^{-8}$ |
| 环形空间顶板 | $1.96 \times 10^{-7}$ | $9.95 \times 10^{-10}$ | $9.04 \times 10^{-9}$ |

突扩型缓冲罐装置中，颗粒对闪蒸罐的冲蚀主要集中在黑水调节阀文丘里出口处管道底部和偏流挡板下部区域，该区域的冲蚀速率比其他位置大 2~3 个数量级。有必要对黑水调节阀文丘里出口处管道底部和偏流挡板进行结构优化或选择更加抗冲蚀磨损的材料，以保证闪蒸罐长周期安全运行。

综合前述研究发现，突廓型缓冲罐在抗冲蚀磨损方面并没有优势，从抗冲蚀磨损以及流动稳定性方面看，长径比 4：1 时的渐扩缓冲罐更具有可行性。

## 4.3　针对黑水缓冲罐振动导致损伤的优化方案

国内学者对黑水缓冲罐陶瓷内衬碎裂进行了仔细研究，发现陶瓷内衬碎裂的主要原因应归于黑水调节阀节流后的流体不稳定，导致黑水调节阀及其后的缓冲罐振动，引起缓冲罐内的陶瓷内衬碎裂。可以采取以下措施防止陶瓷内衬的损伤。

① 黑水缓冲罐直接放置于设备支架上，缓冲罐底部与支架之间没有任何缓冲。为此，可在黑水调节阀后的缓冲罐下部增加一个缓冲装置（如图 4-24 所示），用来缓解缓冲罐的振动，增加振动补偿。将缓冲罐放置于垫板 8 上，垫板并不直接与下方支架相连，而是通过槽钢与 1 和 9 两个缓冲装置相连。通过调整

1和9两个缓冲装置里弹簧的弹性系数，可以调整控制缓冲装置的固有频率，再匹配由实际测量或计算得到的缓冲罐的振动频率，从而实现对缓冲罐振动的有效缓冲，减弱流动不稳定造成的缓冲罐的振动强度，实现保护缓冲罐陶瓷内衬的目的。

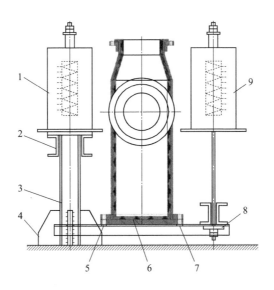

**图 4-24　黑水缓冲罐振动缓冲装置**

1，9—弹簧；2，3，5，7—槽钢；4—肋板；6—角阀下缓冲罐；8—垫板

② 由于陶瓷材料是脆性材料，难以承受强烈振动带来的冲击载荷，因此考虑更换内衬材质，将原来陶瓷衬里改为 Cr15 耐磨耐蚀铸钢衬里。同时，在生产制造方面，内衬层采用分段铸造成型后进行装配，方便了检修和维护。

上述缓冲罐改造方案在某公司气化装置中进行了实际应用。在缓冲罐上增加振动缓冲装置以及更换更具有弹性的衬里材料后，缓冲罐运行正常，并在较长运行时间内没有出现大幅的振动和局部磨穿现象，很大程度地延长了缓冲罐使用寿命。

还有研究者针对某些水煤浆气化工艺装置，采用更新材质的方法对黑水缓冲罐进行了改造，如黑水调节阀及缓冲罐材质选用双相钢材料，同时在缓冲罐罐底增加耐蚀板也能很好地延长缓冲罐的使用寿命。

目前，黑水装置中的黑水条及阀在阀后扩散段和缓冲罐部分的损伤预防中，需要与黑水调节阀一起考虑。有的装置中，因只对黑水调节阀优化，导致冲刷点下移，容易造成缓冲罐的冲漏。针对缓冲罐侧壁的局部磨蚀、冲刷，主要是因为阀门偏流造成，因而在阀门设计时，应增加黑水调节阀入口处的腔体体积，降低阀门入口的流速，从而控制阀门出口的偏流。这方面仍需要进一步研究，找到不同工况下的合适阀腔体积。黑水缓冲罐罐底的冲蚀磨损更加严重，这主要是闪蒸后的多相流动流速过快，流动中心闪蒸率过低引起的。现阶段有的装置通过在缓冲罐底部堆焊棒条，增加底板厚度来解决磨损问题，但这只能有限度地延长冲蚀穿孔的时间。有的企业通过增大增高缓冲罐体积，可得到较好效果，但前述模拟也显示盲目增加长径比是无效的，需要进一步验证。

第**5**章

# 多相流管道的失效预测

## 5.1 含固介质的弯管流动与冲蚀磨损

### 5.1.1 概述

在煤气化装置黑水闪蒸系统中存在大量管道，主要连接黑水调节阀、高压闪蒸分离罐、中压闪蒸分离罐以及真空闪蒸分离罐等设备。由于腐蚀介质和固体颗粒相的存在，在黑水系统中广泛存在着管道的腐蚀、冲蚀磨损等损伤减薄现象。同时，管道冲蚀磨损等减薄失效现象也广泛存在于石油、化工、矿山、冶金、水利等行业中，暴露在运动流体中的所有类型的设备，都会遭受冲蚀破坏，在含固体颗粒的多相流中，破坏更为严重，它将大大缩短设备的寿命。

多相流管道内输送介质可能为油、气、水、砂，成分复杂，管内流型多变，砂粒随气体或者液体一起流动，出现严重的砂磨器件内壁现象，砂粒经过长时间碰撞管道内壁、弯头、阀门等管道部件，最终对管道系统造成侵蚀破坏，进而造成危险事故，严重影响了油气田的正常生产。在我国，煤气化/煤化工等装置的加煤系统、气化炉系统、合成气处理系统、黑水处理系统等均出现过含固多相流动冲蚀导致管道损伤的案例。弯管冲蚀形貌如图 5-1 所示。

管道冲蚀是一个十分复杂的过程，它与管道中介质成分、管道几何构造、管壁材料、固体颗粒性质等诸多因素有关，另外，生产过程中含固多相流动方向的突然改变或者由于流动受限而导致的颗粒碰撞都是造成管道冲蚀破坏的重要原因，研究表明，弯头处的冲蚀速率可达直管段的 50 倍之多。因此，预测弯管在不同因素影响下的冲蚀速率以及冲蚀破坏位置，分析管道内部固体颗粒运动轨迹、气液分布状态以及冲蚀形貌之间的关系，进而揭示弯管在气液固多相流动条

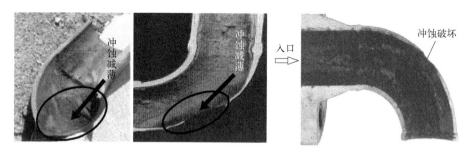

**图5-1 弯管冲蚀形貌**

件下的冲蚀机理和管道损伤规律，对于管道冲蚀防护、保障流程工业安全生产及减少经济损失意义重大。

### 5.1.2 气固两相流动导致弯管冲蚀的研究

相对于气液固多相流动，气固两相流的流动特性比较清楚，冲蚀实验也比较好实现，因此研究成果较多。在实验研究方面，冲蚀研究通常采用三种实验系统，即旋转电极实验系统、射流冲蚀实验系统和管流冲蚀实验系统。旋转电极实验系统主要针对的是液固两相流的冲蚀，实验时，会造成颗粒冲击速度降低。另外，该系统在控制冲击角度方面比较困难。射流冲蚀系统可以很好地控制流速、颗粒含量和冲击角度等参数。主要缺点是不能很好地模拟实际工况条件，造成的冲蚀比实际情况严重。目前研究管道冲蚀最理想的实验装置为管流冲蚀实验系统，该系统能够很好地模拟管道冲蚀的实际工况及多种流态形式并有良好的流体力学模型支持，有利于开展理论分析。

国内外在气固两相流弯管冲蚀实验研究中主要采用无损检测以及冲蚀探针来分析管道不同部位的冲蚀速率。以上研究方法虽然可以获得弯头外拱典型部位的冲蚀分布情况，但是对于准确考察不同因素影响下的整个弯头表面的三维冲蚀形貌仍有一定困难。由于管道内部固体颗粒运动状态的差别，弯管的冲蚀形貌呈现多样化，关于冲蚀形貌形成机理的研究成果也较少，未形成统一认识。

**（1）不同因素对弯管冲蚀影响分析**

管径对冲蚀速率的影响如图 5-2 所示。由图 5-2（a）可知，随着管径增加，弯管冲蚀磨损速率迅速降低，当管径由 0.04m 增加到 0.4m 时，冲蚀速率由 276.92nm/s 减小为 4.03nm/s，相差接近两个数量级。当管道直径不大时，管道冲蚀速率与 $1/D^2$ 基本呈线性关系。当管径达到 400mm，冲蚀速率达到较低水平，之后随管径增加，冲蚀速率下降不明显。主要是由于大直径管道有更大的碰撞表面积，冲蚀减弱。

由图 5-2（b）可知，弯头外拱中心线上冲蚀速率出现两个波峰，第一个在 $15°\sim20°$ 之间，第二个在 $45°\sim50°$ 之间，并且峰值位置随着管径增加发生变化。管径较小时（$40\text{mm} < D < 100\text{mm}$），最大冲蚀速率出现在 $45°\sim50°$ 之间，管径较大时（$D > 100\text{mm}$），最大冲蚀速率出现在 $15°\sim20°$ 之间。这主要是由于管径越大，入口直管段越长，颗粒有更长时间适应周围的变化，重力作用使得固体颗粒在管道中更容易往管道下部运动，因此大管径弯管的冲蚀最严重位置对应的弯头角度较小。

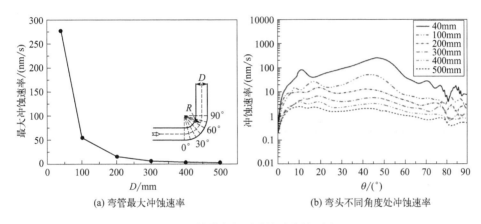

**图 5-2** 管道直径对冲蚀速率的影响

弯径比对冲蚀速率的影响如图 5-3 所示。由图 5-3（a）可知，随着弯径比增加，冲蚀速率呈现减小趋势，但是在弯径比为 3 时的前后，其冲蚀速率变化略有不同，当弯径比小于 3 时，冲蚀速率下降较快，而弯径比在 $3\sim5$ 范围内，冲蚀

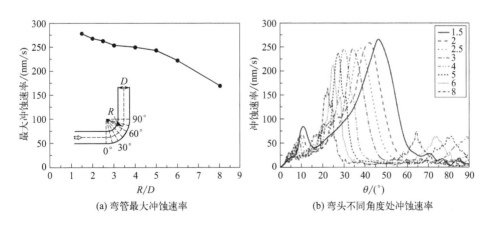

**图 5-3** 弯径比对冲蚀速率的影响

速率下降较慢，弯径比大于 5 之后，冲蚀速率又减小较快。分析认为主要是由于弯径比增加，固体颗粒与管道碰撞的表面积增大，导致冲蚀速率降低。由图 5-3（b）可知，随着弯径比增加，冲蚀最严重位置对应角度逐渐减小，弯径比为 1.5 时最大角度出现在 46.57°，而当弯径比为 8 时，最大角度出现在 22.41°。这是由于弯径比较大时，弯头的弯曲弧长度增加，导致颗粒与壁面的碰撞角度减小，因此最大冲蚀位置出现在弯头较小角度处。另外，由于弯管段长度增加，弯管中的颗粒与管壁发生碰撞的次数会增加，因此在弯径比较大的弯管的冲蚀速率分布曲线上出现更多的冲蚀峰。

弯曲角度对冲蚀速率的影响如图 5-4 所示。由图 5-4（a）可知，弯曲角度为 180° 时的冲蚀速率最大。主要是由于 180° 弯管的弯曲长度最长，而且流动速度方向改变最大，导致颗粒与管壁发生碰撞次数最多，碰撞叠加使得冲蚀速率增大。而图 5-4（b）所示三种不同角度弯管的冲蚀最严重区域均出现在 45° 左右，主要是由于管道中心的颗粒运动速度大于靠近管壁处颗粒速度，而在流体流动的带动下，管道中心处颗粒与弯头直接碰撞位置的中心在 45° 左右。同时，弯头底部的颗粒与管壁碰撞后会在下游发生二次碰撞，碰撞后反弹的颗粒大多数在弯头 45° 区域附近与管壁碰撞，加剧了该处的冲蚀。

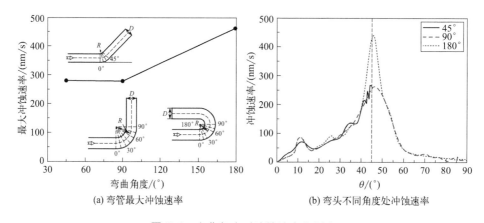

(a) 弯管最大冲蚀速率　　　　　　(b) 弯头不同角度处冲蚀速率

图 5-4　弯曲角度对冲蚀速率的影响

导向对冲蚀速率的影响如图 5-5 所示。图 5-5（a）显示水平-竖直（H-V）向上方向的弯管冲蚀速率最大，这主要是由于在此方向上，重力作用使得颗粒的运动方向发生变化，颗粒与壁面发生碰撞的区域面积为四个方向中最小，因此使得单位时间内与壁面碰撞的颗粒数最多，导致较大冲蚀速率。图 5-5（b）显示竖直-水平（V-H）方向弯管在弯头不同角度处冲蚀规律基本相同，而 H-V 方向弯管在弯头处的冲蚀最严重位置的角度相差较大，这也是由于重力作用使得颗粒运动方向发生变化，颗粒偏离流线，向下方运动，因此导致与弯头发生碰撞位置发生变化。综上所述，在设置弯管时，要充分考虑重力的作用，尤其在流速较慢的管道内。

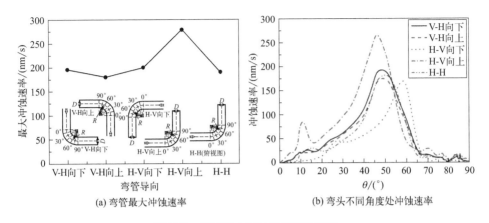

(a) 弯管最大冲蚀速率

(b) 弯头不同角度处冲蚀速率

**图 5-5　弯管导向对冲蚀速率的影响**

管道内气流速度对冲蚀速率的影响如图 5-6 所示。由图 5-6（a）可知，最大冲蚀速率随着流体流速的增加而增大，而且呈现为指数关系，充分说明流速对冲蚀速率的影响较大。弯头不同角度处冲蚀速率在图 5-6（b）中给出，当流速较小时（10m/s），最大冲蚀位置出现的弯管角度较小，在 20°左右。当流速增大以后，最大冲蚀速率则发生在 45°~50°之间。分析认为主要是由于流速较小时，固体颗粒在入口直管段中的运动时间更长，受重力影响更多聚集在管道底部，更容易在弯管前段撞击壁面，即在弯头较小角度处碰撞最剧烈，故冲蚀最严重。而当流速增加后，固体颗粒受到流体的拖曳力占主要地位，固体颗粒会跟随气流向更远处的弯管撞击。

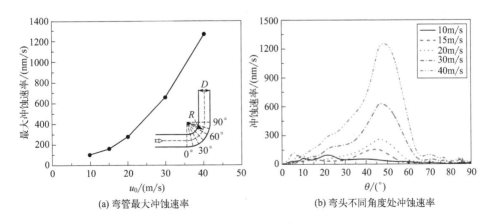

(a) 弯管最大冲蚀速率

(b) 弯头不同角度处冲蚀速率

**图 5-6　流速对冲蚀速率的影响**

颗粒直径对冲蚀速率的影响如图 5-7 所示。由图 5-7（a）可知，随着固体颗粒直径增加，冲蚀速率逐渐增大，当颗粒直径达到 100μm 后，随颗粒直径增加，冲蚀速率趋于平稳。主要是由于颗粒相和连续相在混合时，较大固体颗粒与气体交换的动量更多，随着颗粒增大，最终冲蚀速率趋于平稳。固体颗粒直径从 50μm 增加到 100μm，冲蚀速率增加较为显著，当直径大于 100μm 以后，冲蚀速率并未明显增加，因此 100μm 为冲蚀速率变化的临界直径。由图 5-7（b）可知，不同颗粒直径下弯头处最大冲蚀速率出现在 45°左右，由于小颗粒具有更好的跟随性，曳力作用使得较小直径的颗粒的碰撞角略微增大，导致冲蚀最严重角度比大直径颗粒略大。

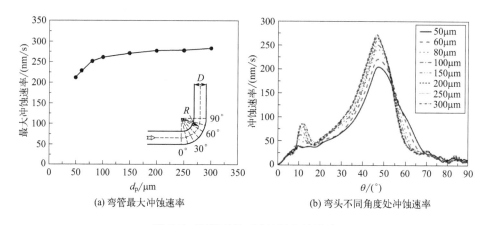

(a) 弯管最大冲蚀速率　　　　　　(b) 弯头不同角度处冲蚀速率

**图 5-7　颗粒直径对冲蚀速率的影响**

固体颗粒的质量流量对冲蚀速率的影响如图 5-8 所示。由图 5-8（a）可知，随固体颗粒质量流量增加，弯管冲蚀速率呈线性增长。主要是由于颗粒流量增

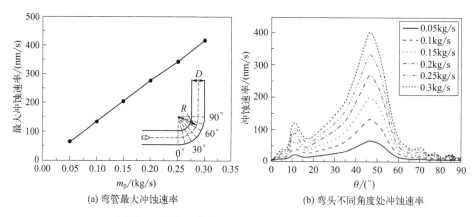

(a) 弯管最大冲蚀速率　　　　　　(b) 弯头不同角度处冲蚀速率

**图 5-8　固体颗粒的质量流量对冲蚀速率的影响**

加，单位时间内与管壁碰撞的固体颗粒数目增多，冲蚀速率变大。对于均匀直径的固体颗粒，其数量与固体颗粒质量流量是成正比的，也就是说，固体颗粒与管道壁面的碰撞次数和固体颗粒质量流量成正比。由图 5-8（b）可知，弯头处最大冲蚀位置出现在 45°～50°之间，且不随颗粒流量变化而改变。

（2）弯管冲蚀最严重位置预测

由于弯管的导向、管道弯径比以及颗粒直径的不同都会造成管道内颗粒与弯管的碰撞位置和碰撞次数不同，最终导致最易破坏位置发生变化。其中固体颗粒与管道壁面直接碰撞中的一次碰撞是造成弯管冲蚀最严重位置的主要原因。图 5-9 给出了不同直径大小颗粒在两种不同导向弯管中的运动轨迹示意图。

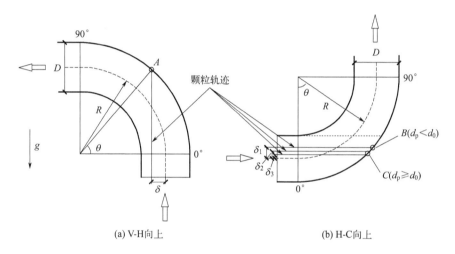

(a) V-H 向上　　　　　　　　　(b) H-C 向上

**图 5-9　弯头冲蚀点破坏示意图**

先以一个固体颗粒的运动情况为例进行分析，研究固体颗粒运动轨迹与冲蚀位置之间的关系。图 5-9（a）为 V-H 向上管道的颗粒轨迹与冲蚀点位置示意图，由于颗粒的运动方向与重力方向平行，重力并不会影响颗粒的碰撞角度。根据运动轨迹与碰撞点的几何关系，可以求出弯管冲蚀最严重位置的角度为：

$$\theta_{\max} = \arccos \frac{1 - \dfrac{\delta}{R}}{1 + \dfrac{1}{2} \times \dfrac{D}{R}} \tag{5-1}$$

其中，$\theta_{\max}$ 为碰撞点在弯管中的角度；$\delta$ 为固体颗粒在管道入口处距离管道入口中心轴线的距离；$R$ 为弯管的曲率半径；$D$ 为弯管的直径。

图 5-9（b）给出了 H-C 向上方向上颗粒运动轨迹与冲蚀位置的关系。由于颗粒的运动方向与重力方向垂直，因此，颗粒的运动轨迹会在重力作用下偏移原来的直线运动方向。其中，较大的固体颗粒在重力作用下比较小的固体颗粒的碰

撞点低，如图 5-9 中碰撞点 $C$ 和 $B$。根据几何关系推导可得，冲蚀最严重位置的角度如下：

$$
\theta_{\max}=
\begin{cases}
\arccos\dfrac{1-\dfrac{\delta_1}{R}}{1+\dfrac{1}{2}\times\dfrac{D}{R}} & d_{\mathrm{p}}\leqslant d_0 \\[4mm]
\arccos\left(\dfrac{1-\dfrac{\delta_2}{R}}{1+\dfrac{1}{2}\times\dfrac{D}{R}}\right) & d_{\mathrm{p}}>d_0
\end{cases}
\tag{5-2}
$$

式中，$d_0$ 为固体颗粒临界直径；$\delta_1$ 为小直径固体颗粒运动轨迹与管道中心线的距离；$\delta_2$ 为大直径固体颗粒运动轨迹与管道中心线位置的距离。

图 5-10 给出了不同弯径比条件下，颗粒直径对弯管冲蚀速率的影响。由图可知，在不同弯径比条件下，随着颗粒直径的增加，弯管最大冲蚀速率呈现先增大后趋于平稳的趋势。根据图中结果发现，$100\mu m$ 固体颗粒直径接近冲蚀速率变化的临界直径。在固体颗粒临界直径前后分别选择一个直径的固体颗粒进行分析，小直径固体颗粒直径取 $50\mu m$，大直径固体颗粒直径取 $200\mu m$。

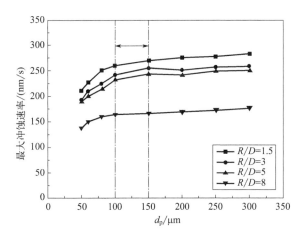

**图 5-10** 不同弯径比下颗粒直径与冲蚀速率曲线图

$50\mu m$ 直径的固体颗粒冲蚀规律如图 5-11 所示。随着弯径比增加，冲蚀最严重位置的角度逐渐减小。冲蚀曲线在弯径比为 3 前后的冲蚀趋势略有不同。由图 5-11 （a）可知，对于 $50\mu m$ 固体颗粒的冲蚀，在弯径比小于 3 的冲蚀速率趋势与弯径比大于 3 的冲蚀趋势有明显区别，因此可以认为临界弯径比为 3。表 5-1 给出了两种直径颗粒下弯管冲蚀最严重位置及对应角度。由表 5-1 可知，较小直径颗粒与弯头碰撞位置集中在距弯管中轴线上方 $D/6$ 左右 [图 5-9 （b）中 $B$ 点]。

较大直径颗粒与弯头碰撞位置集中在距弯管轴线上方的 $D/8.5 \sim D/7.5$ 范围内
[图 5-9（b）中 $C$ 点附近区域]。

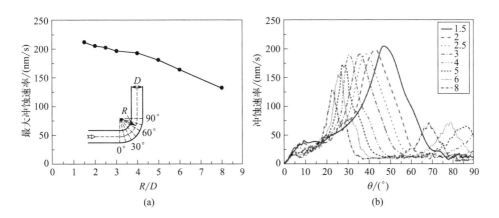

(a)    (b)

**图 5-11**　不同弯径比下弯管冲蚀速率变化曲线（颗粒直径 50μm）

▣ **表 5-1**　不同粒径下弯管最大冲蚀速率所在角度及位置

| 粒径/μm | $R/D$ | 1.5 | 2 | 2.5 | 3 | 4 | 5 | 8 |
|---|---|---|---|---|---|---|---|---|
| 50 | $\theta/(°)$ | 46.57 | 43.29 | 39.68 | 35.34 | 30.83 | 28.57 | 22.56 |
| | $\delta/D$ | 0.125 | 0.180 | 0.191 | 0.145 | 0.136 | 0.170 | 0.150 |
| 200 | $\theta/(°)$ | 46.57 | 43.28 | 39.70 | 33.50 | 30.05 | 27.31 | 22.41 |
| | $\delta/D$ | 0.125 | 0.180 | 0.095 | 0.081 | 0.105 | 0.113 | 0.142 |

由此，式（5-2）可改写为下述公式

$$\theta_{\max} = \begin{cases} \arccos \dfrac{1 - \dfrac{1}{6} \times \dfrac{D}{R}}{1 + \dfrac{1}{2} \times \dfrac{D}{R}} & d_{\mathrm{p}} \leqslant 100\mu\mathrm{m} \\[3mm] \arccos \dfrac{1 - \dfrac{1}{7.5} \times \dfrac{D}{R}}{1 + \dfrac{1}{2} \times \dfrac{D}{R}} & d_{\mathrm{p}} > 100\mu\mathrm{m}, \dfrac{R}{D} \leqslant 3 \\[3mm] \arccos \dfrac{1 - \dfrac{1}{8.5} \times \dfrac{D}{R}}{1 + \dfrac{1}{2} \times \dfrac{D}{R}} & d_{\mathrm{p}} \leqslant 100\mu\mathrm{m}, \dfrac{R}{D} \leqslant 3 \end{cases} \qquad (5\text{-}3)$$

将式（5-3）的计算结果与国内外相关学者的实验及计算模型进行比较，结果如图 5-12 所示。同实验结果相比，El-Behery 预测结果偏大，Bourgoyne 预测结果偏小，而本书提出的预测模型计算结果更接近实验值，准确度更高。

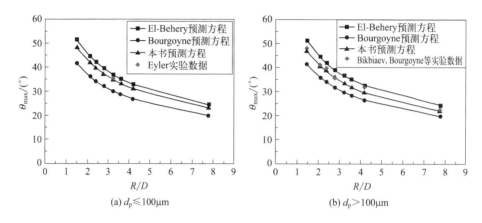

(a) $d_p \leqslant 100\mu m$     (b) $d_p > 100\mu m$

**图 5-12** 弯管冲蚀最严重位置预测值与实验值对比

### 5.1.3 液固两相流动下弯管的冲蚀研究

目前，关于气固两相流冲蚀的研究成果较多，对于液固两相流冲蚀研究相对较少。特别是对于弯管冲蚀最严重位置的预测，尚无较为准确的表征方法。本节介绍的内容来自国内研究者根据不同因素对弯管冲蚀形貌及冲蚀速率的影响的分析，由大量数值计算结果提出基于多因素变化的冲蚀速率预测模型，与实验结果进行对比，验证模型的准确性。随后根据固体颗粒在液体中的受力情况以及运动状态，提出临界斯托克斯数作为表征参数，分析冲蚀位置及冲蚀严重程度与该参数之间的关系，直观地预测冲蚀严重位置的动态转移规律，并提出三种颗粒碰撞模型，揭示液固两相流弯管冲蚀磨损机理。

**（1）液固流动的不同因素对弯管冲蚀影响分析**

图 5-13 给出了管道直径对液固两相流动冲蚀速率的影响。由图 5-13（a）可知，随着管道直径增加，冲蚀速率急剧下降，管道直径从 40mm 增加到 400mm 过程中，冲蚀速率由 0.109nm/s 减小到 0.00296nm/s，当管道直径大于 400mm 后，冲蚀速率降低幅度减缓，并且保持在一个较低的水平。由于所有计算均是在颗粒质量流量 0.2kg/s 条件下完成的，因此冲蚀速率可以被定义为单位面积上的穿透率 [nm/（$m^2 \cdot s$）]。

对于 400mm 直径管道，其冲蚀速率为 $3.42 \times 10^{-10}$ nm/（$m^2 \cdot s$），而对于 800mm 管道，其冲蚀速率为 $1.58 \times 10^{-10}$ nm/（$m^2 \cdot s$）。两者相差 1 倍左右，但在绝对数值上差别并不是太大。除此之外，对于不同直径管道，最大冲蚀速率均出现在弯管角度 70°～90°之间，如图 5-13（b）所示。

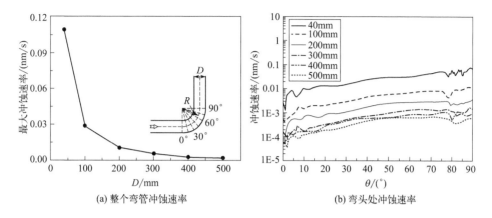

(a) 整个弯管冲蚀速率  (b) 弯头处冲蚀速率

**图 5-13** 管道直径对冲蚀速率的影响

图 5-14 给出了弯径比对冲蚀速率的影响规律。图中显示，随着弯径比增加，冲蚀速率逐渐减小，当弯径比大于 5 以后，冲蚀速率减小缓慢，如图 5-14（a）所示。因此使用大曲率弯头对抵抗冲蚀是有利的，同时，在实际工程中存在经济弯径比。因为较大的弯径比使得管道的路径变长，流体流动也更加平稳，使得固体颗粒在弯头中的运动更加平缓，与管壁的碰撞角减小，从而降低了冲蚀磨损速率。另外由于管道路径变长，管中颗粒与管壁发生多次碰撞，造成大曲率管道弯头外拱中心线上冲蚀波动较大，如图 5-14（b）所示。

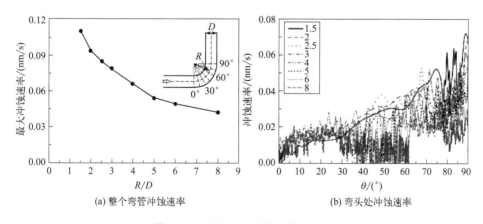

(a) 整个弯管冲蚀速率  (b) 弯头处冲蚀速率

**图 5-14** 弯径比对冲蚀速率的影响

图 5-15 给出了管道弯曲角度对冲蚀速率的影响。由图 5-15（a）可知，随着弯曲角度的增加，冲蚀速率增大。一方面，由于管道几何形状影响，使得颗粒对

周围液体跟随性较好，颗粒与弯曲角度较大的弯管的碰撞角大于弯曲角度较小的弯管，导致垂直于管壁的碰撞速度分量较大，冲蚀速率较大。另一方面，同弯曲角度较小的管道相比，弯曲角度较大的管道中，速度较大区域的面积比较大，当弯曲角度较大弯管中的颗粒穿越这一区域时，将获得较大的碰撞速度。因此弯曲角度较大的弯管的最大冲蚀速率大于弯曲角度较小的弯管。除此之外，由于大弯曲角度弯管的长度比小弯曲角度的长，大弯曲角度弯管内壁会遭受数次碰撞，因此大弯曲角度弯管有更多的冲蚀峰，如图 5-15（b）所示。

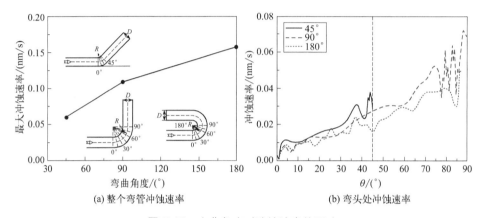

图 5-15　弯曲角度对冲蚀速率的影响

图 5-16 给出了液固两相流动中弯管导向对冲蚀速率的影响。当弯管导向发生变化时，冲蚀速率变化不大，并且不同导向弯管弯头处的冲蚀规律类似，最大冲蚀位置均出现在弯头出口处。这是因为液体具有较大的黏性系数和密度，固体颗粒在液体流动中受到较大的浮力和较大的拖曳力，产生了更好的跟随性，降低了重力的影响效果。

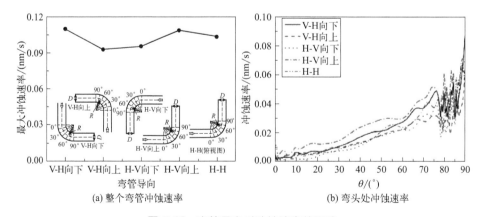

图 5-16　弯管导向对冲蚀速率的影响

流速对冲蚀速率的影响如图 5-17 所示。由图 5-17（a）可知，管道冲蚀速率随着入口流速的增加呈指数方式增长，表明流速变化对冲蚀影响显著。较大的速度将使得固体颗粒获得较大的碰撞能，从而导致冲蚀速率增大。由图 5-17（b）可知，较小入口流速下，第一次冲蚀峰值出现的位置比大流速下冲蚀峰值出现得早。在入口流速为 3m/s 时，第一次较明显的冲蚀峰值出现在弯头角度为 73.8°处，而当入口速率达到 20m/s 时，冲蚀峰值出现在弯头角度 77.4°处。由图 5-17（b）还可以看出，在相同的入口流速下，随着弯头角度的增大，冲蚀速率逐渐增大，最大冲蚀速率出现在弯头出口处。

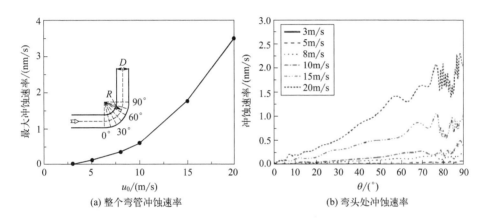

图 5-17　流速对冲蚀速率的影响

图 5-18 给出了颗粒直径对冲蚀速率的影响。由图 5-18（a）可知，随固体颗粒直径的增加，弯管的冲蚀速率先增加后减小，在颗粒直径为 150μm 时出现最小值。因此，150μm 可视为管道冲蚀的临界直径。由图 5-18（a）还可发现，50μm 固体颗粒的冲蚀速率大于 200μm。这主要是由于不同直径固体颗粒受到的主导作用力发生了变化。对于小固体颗粒，强烈的二次流作用使得固体颗粒与弯头内侧壁发生碰撞，内侧部分区域冲蚀严重。这表明弯头处液体的流动转向对于固体颗粒的运动有重大影响，特别是对小颗粒。二次流对于较大固体颗粒的作用没有小颗粒明显，而是惯性力占主导作用，惯性力使得固体颗粒沿着颗粒运动方向直接与管壁外侧发生碰撞导致外侧区域冲蚀严重。对于中等直径固体颗粒，惯性力和二次流的影响作用都比较明显，这两种作用使得固体颗粒分成两条主要路径，导致弯头处冲蚀区域较大。

随着颗粒直径的增加，最大冲蚀速率出现的角度略有减小，但基本上都位于弯头出口处，如图 5-18（b）所示。这主要是由于液体流动在弯管出口处附近更加不稳定，携带颗粒撞击壁面次数更多。

图 5-19 给出了颗粒质量流量对冲蚀速率的影响。由图 5-19（a）可知，随着

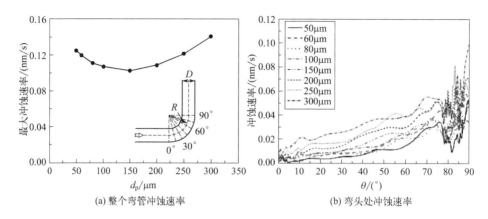

(a) 整个弯管冲蚀速率　　　　(b) 弯头处冲蚀速率

**图 5-18　固体颗粒直径对冲蚀速率的影响**

颗粒质量流量的增加，冲蚀速率呈线性增长。主要是由于质量流量增加，每次与管壁碰撞固体颗粒增多，从而导致冲蚀较大。在相同的质量流量下，弯头处的冲蚀速率随着弯头角度的增加增长缓慢，如图 5-19（b）所示。Zheng 等人的研究发现，当颗粒质量流量达到一定值后，冲蚀速率随质量流量增加而增长缓慢，主要是由于颗粒质量流量较大时，颗粒之间的相互碰撞变得更加剧烈，相互碰撞使得颗粒损失部分能量，与管壁碰撞速度减小，冲蚀速率降低。同时当固体颗粒质量流量增加到一定程度后，靠近壁面的颗粒在与壁面撞击后反弹过程中会阻止液体内部颗粒向壁面的撞击。对于颗粒质量流量/液体质量流量特别高的情况，需要使用考虑了固体颗粒相互碰撞的四向耦合方法进行冲蚀计算。

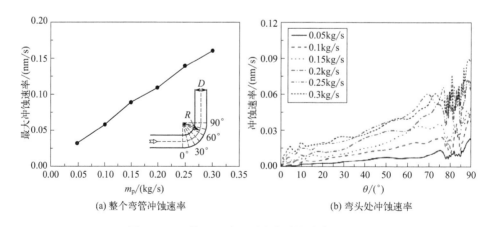

(a) 整个弯管冲蚀速率　　　　(b) 弯头处冲蚀速率

**图 5-19　颗粒质量流量对弯管冲蚀速率的影响**

（2）斯托克斯数对冲蚀位置的影响

液固两相流动弯管中固体颗粒的运动主要受到三种作用的影响：固体颗粒的惯性力、主流曳力以及二次流曳力的作用。惯性力使得固体颗粒沿着切线方向运动，主流曳力使得固体颗粒沿着液体轨线方向运动，而二次流曳力使得固体颗粒向弯头侧壁运动。由于斯托克斯数能够反映固体颗粒惯性力与曳力的相对大小，可以看作反映颗粒曲线运动的无量纲数，故可使用斯托克斯数来分析这三种作用对弯管冲蚀的影响。

对于液固两相流弯管，存在两个冲蚀较严重位置，这两个部位分别位于弯头内拱侧壁（称为位置 A）和弯头与下游直管段连接处外拱壁处（称为位置 B）。相关研究发现，随着斯托克斯数的变化，冲蚀最严重部位也是动态变化的。当斯托克斯数较小时，位置 A 受到的冲蚀最严重，当斯托克斯数逐渐增大时，冲蚀最严重位置逐渐由 A 转移到 B。主要是因为当斯托克斯数较小时，曳力占主导作用，液体的主流和二次流对固体颗粒的运动影响显著。二次流使得颗粒沿着弯头环向，从弯管外拱侧向弯管内拱侧运动，最终导致位置 A 冲蚀严重。斯托克斯数较大时，惯性力占主导作用，固体颗粒拥有足够的动量来穿越二次流和主流弯曲的迹线，因此流体速度和流体流动方向对固体颗粒的影响较小。固体颗粒最终偏离周围液体的流线方向，而与弯头内壁直接碰撞。

图 5-20 给出了 $\gamma$ 值与流动斯托克斯数的关系曲线。$\gamma$ 表示弯管出口外侧壁面位置 B 处附近的最大冲蚀速率与整个弯管最大冲蚀速率的相对值。当斯托克斯数增大时，$\gamma$ 值先逐渐增大后稳定为 1，同时增加的速度逐渐变慢。当斯托克斯数大于 1.47 后，$\gamma$ 值不再发生变化，因此斯托克斯数为 1.47 是最严重冲蚀位置 A 和 B 转换的分界值。当斯托克斯数小于 1.47 时，冲蚀最严重位置出现在位置 A，否则，出现在位置 B。

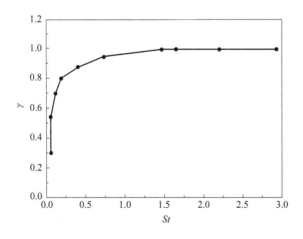

**图 5-20** $\gamma$ 值与斯托克斯数关系曲线

### 5.1.4　气液固多相流动管道中冲蚀研究

在含固体颗粒的气液固多相流动中，固体颗粒空间分布随机性大，与气液的流型和流动状态密切相关，不易准确预测。而管道的冲蚀速率及冲蚀最严重位置与颗粒的运动及分布直接相关，要准确计算多相流条件下的冲蚀，需要考虑气体-液体-固体颗粒-管道壁面之间的相互作用，此项研究极具挑战性。目前，国内外对于多相流冲蚀的数值计算方面涉及较少，特别是考虑气液固三相瞬态冲蚀求解更是鲜有研究。本节介绍基于颗粒分布的冲蚀简化计算方法以及基于多相流模型和离散相模型耦合的气液固多相瞬态冲蚀计算方法，分析水平弯管及竖直弯管内三种代表性流型下固体颗粒分布、颗粒运动轨迹、气液流动以及冲蚀形貌之间的关系，揭示多相流动下颗粒冲蚀机理，并将数值计算结果与实验结果以及其他冲蚀预测方法结果进行对比。

#### （1）多相流管道中流型及工况位置

在大多数工业管道的气液固三相流动中，一般固体颗粒质量分数较小，可以看成分散的固体颗粒。多相流动的流型主要依据气液两相流动中气液界面在管道内的分布来确定，管道内气液介质的体积分数、流速的变化、流体性质的变化、管道几何形状改变以及管道倾角变化均能改变气液界面分布。一般气液流动中可以根据气液界面结构划分流型，依据管内气液比由小到大，将水平管中两相流的流型划分为泡状流、气团流、分层流、波浪流、段塞流、环状流和弥散流等。垂直管流型大致分为泡状流、弹状流、乳沫状流、环状流和液丝环状流。比较典型的几种流型如图 5-21 所示。

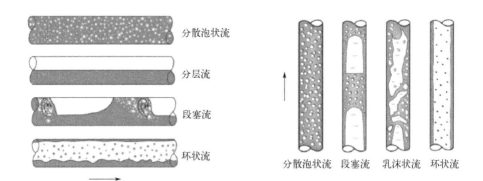

分散泡状流
分层流
段塞流
环状流

分散泡状流　段塞流　乳沫状流　环状流

**图 5-21　水平管及竖直管中主要流型**

由于弯管内气液固三相流动的冲蚀磨损随着流型不同而不同，需要针对各种流型进行充分研究，才能获得可靠的结论，由此也导致气液固三相流动的冲蚀磨损研究特别复杂。然而，黑水系统的阀门、管道内的流动很多情况下又处于气液固三相流动状态，因此需要进行深入探讨。

**（2）多相流冲蚀预测方法**

气液两相流管道中流型复杂，要研究多相流管道中的颗粒冲蚀，其中一个关键问题是确定固体颗粒在该流型中的分布情况，比如段塞流中，需要确定颗粒在段塞体、液膜以及泰勒气泡中的分布比例，才能准确预测冲蚀速率。由于多相流动实验流型实现困难，实验价格昂贵，一般结合气固或液固实验构建冲蚀模型，结合数值模拟获得固体颗粒的运动参数，对气液固多相流动的冲蚀磨损进行模拟。模拟中，固体颗粒多设定为离散相，气液多设定为连续相。简单的做法是采用基于颗粒分布的冲蚀简化计算方法，根据不同流型的特点以及固体颗粒在气液中的分布情况，将气液两相流动进行适当的简化，使得气液两相对于固体颗粒的作用等效为一相。简化方法的不足在于仅能用来计算冲蚀速率大小，计算结果中的颗粒运动轨迹并不能反映管道内部真实的颗粒运动状态，但是计算结果可以近似反映颗粒在不同结构中的分布比例。更精确的做法是基于多相流模型和离散相模型耦合的气液固多相瞬态冲蚀计算方法，该方法模拟了气液固三相在管道内的真实运动状态，通过分析固体颗粒的瞬时运动情况求解管壁的冲蚀。该方法的优点是能够直观地研究不同流型下，管道内部颗粒空间分布及气液流动对管壁的冲蚀作用，缺点是瞬态冲蚀数值设置复杂、计算消耗巨大且很难收敛，不易在工程计算中使用。随着超级计算机的发展，目前可以比较快地通过该方法获得理想的结果。

对于直接耦合数值模拟方法，根据不同流型的特点，特别是气液界面处的流动特点，采用不同的多相流模型完成气液两相的计算。目前，国内外对于气液固三相流数值计算研究较少，但是对于气液两相流的数值模拟则取得较多有价值的成果。比如赵铎基于 RANS 方程采用湍流标准 $k\text{-}\varepsilon$ 模型以及气液两相 VOF 模型模拟了二维水平管中分散泡状流、段塞流、波浪流等流型，特别分析了气量、液量变化造成的流型转变，模拟结果基本与 Mandhane 流型图吻合。赵艳明等人使用同样的模型，并考虑气液之间表面张力的影响，对二维竖直上升矩形管道内气液两相流进行了模拟，得到了管道内包括泡状流、弹状流、乳沫状流和环状流四种主要流型。李书磊等人采用 VOF 模型对水平管内泡状流、分层流、波状流、弹状流以及环状流进行了数值模拟。除弹状流外，其他流型模拟结果均与 Mandhane 流型图中给出的流型分布吻合较好。石黄涛采用相同模型研究了二维竖直圆管内泡状流、弹状流、乳沫状流以及环状流，但是对于环状流的模拟并不理想，模拟结果中未见明显液膜。

针对气液固三相管道流动，Zhu 等人对气液采用 VOF，对固体颗粒采用 DPM 模型研究了油罐排空过程中，模拟油罐排污过程以及颗粒介质对于油罐底面和排污管道的二维冲蚀形貌，表明该方法模拟多相流冲蚀是可行的。这也是我们在前述内容中的多相流冲蚀磨损所使用的数值模拟方法。只是在黑水调节阀和黑水缓冲筒中，气液固的多相流型比较固定，而管道中的多相流型更加难以确定。

目前国内外对于管道中气液两相流不同流型的瞬态数值模拟绝大部分是基于二维模拟（弯管）或者二维轴对称模拟（直管），模拟结果不能反映实际三维管道的流动情况。然而，气液固多相流冲蚀的计算，需要准确追踪管内颗粒轨迹和运动状态，三维瞬态数值模型是必需的。由于三维瞬态模型计算耗费巨大计算资源，计算时间长，其收敛性也是重要问题，为节省计算资源并且保证计算精度，需要进行严格的网格验证以及合理的计算设置。在模型选取上，当气液两相速度差别较大时，基于混合模型的 VOF 方法误差较大，在模拟环状流冲蚀过程中，需要采用 Eulerian-Eulerian 混合模式的模型与 VOF 模型联合使用来解决 VOF 模型的缺点，即 Multi-Fluid VOF 模型。已有学者采用该模型对乳沫状多相流冲蚀进行初步探索研究，但尚有许多问题，从结果来看，其用来模拟气液流速相差较大的多相流冲蚀过程是可行的。

（3）分散泡状流下颗粒冲蚀研究

在气液两相流动中，液相速度较高的情况下，液体的湍流强度足够大，湍流应力使得气液两相中的气相分裂成较小的球形小气泡并以离散密集方式分布在液相中，同时湍流应力还阻止离散气泡聚积，因此形成的这种流型称为分散泡状流。在分散泡状流中，气泡均匀分布在液相中，两相间几乎没有速度差，因此两相可视为均匀流动，混合后的单一相的密度、黏性等物性可以用混合物特性描述。分散泡状流中两相之间没有滑动，因此持（含）液率和无滑动持液率相同。

$$\rho_{\mathrm{m}} = (1-H_{\mathrm{L}})\rho_{\mathrm{g}} + H_{\mathrm{L}}\rho_{\mathrm{L}} \tag{5-4}$$

$$\mu_{\mathrm{m}} = (1-H_{\mathrm{L}})\mu_{\mathrm{g}} + H_{\mathrm{L}}\mu_{\mathrm{L}} \tag{5-5}$$

$$H_{\mathrm{L}} = \frac{V_{\mathrm{SL}}}{V_{\mathrm{Sg}} + V_{\mathrm{SL}}} \tag{5-6}$$

式中，下标 m 表示混合单一相的参数；下标 g 表示气相的参数；下标 L 表示液相的参数；$\rho_{\mathrm{m}}$ 为简化后混合单一相流体的密度，kg/m³；$\mu_{\mathrm{m}}$ 为简化后混合单一相流体的黏度，Pa·s；$H_{\mathrm{L}}$ 为持液率，也称为液相体积分数；$V_{\mathrm{SL}}$ 和 $V_{\mathrm{Sg}}$ 分别表示液相和气相的折算速度，也称容积流速，可表示两相混合物中液相或气相单独流过整个通道截面积时的速度。

选择直径 40mm 的水平弯管，弯径比 1.5，气相折算速度 4.09m/s，液相折算速度 1.42m/s，固体颗粒直径 300$\mu$m，固体颗粒密度 $7.98 \times 10^3 \mathrm{kg/m^3}$ 的计算工况。计算结果中管道三个监控截面处截面含液率与截面颗粒含量的对应关系如图 5-22 所示。图 5-22 (a) ～ (c) 分别对应水平弯管的入口直管段横截面、弯管

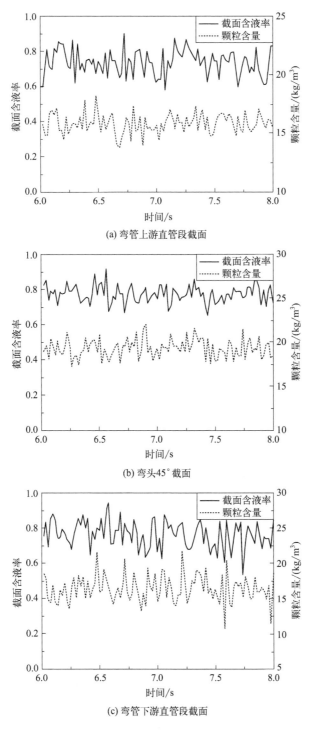

(a) 弯管上游直管段截面

(b) 弯头45°截面

(c) 弯管下游直管段截面

图 5-22 水平弯管不同截面含液率与颗粒含量关系

角度 45°横截面和出口直管段横截面上的截面含水率以及固体颗粒质量含量随时间的变化率。截面含液率的峰值变化情况与截面颗粒含量的峰值变化比较接近，当截面含液率较高时，截面的颗粒含量也相对较高，由此说明管道中的固体颗粒大部分分散在液相之中。

对于不同截面，其截面含液率以及截面颗粒含量波动范围也是不同的，如图 5-23 和图 5-24 所示。由图 5-24 可知，下游直管段截面的截面含液率波动幅度要大于上游直管段截面处及弯头截面处，主要是由于在上游直管段中，气液两相流动比较平稳，颗粒在管道中分布较均匀。当颗粒在弯头处发生碰撞后，在下游颗粒的运动轨迹变得复杂，气液两相流经弯头后，在弯头外拱侧以及下游直管段外侧液相含量明显增大，而在弯管内拱气相含量明显增大，气泡与液体的掺混更加剧烈，导致截面颗粒含量的波动较大。由于弯头靠近外拱区域的液相比例较高，颗粒在碰撞到管壁之前必须穿越该区域的液体，固体颗粒进入该区域后，与大量液体进行交互计算，液相密度及黏度比气相大得多，进入该区域后颗粒速度减小，形成滞止区，造成弯头处颗粒运动减缓，含砂量变大，弯头处截面颗粒含量平均水平略大于上游以及下游直管段。

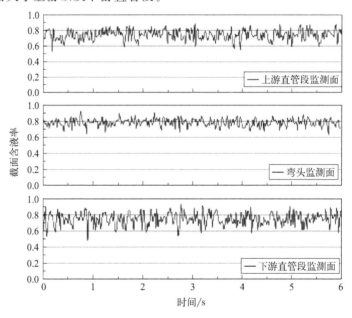

**图 5-23** 管道不同截面处截面含液率

上述模拟表明，分散泡状流下的水平弯管内颗粒冲蚀形貌与液固两相流冲蚀形貌类似，冲蚀最严重位置出现在弯头出口处（90°处），但是与液固两相流冲蚀不同的是，分散泡状流下的颗粒冲蚀主要集中在弯管外拱靠近管底处，呈现出较为均匀的抛物线形状。对液固和气液固两种工况下水平弯管的冲蚀率分析发现，

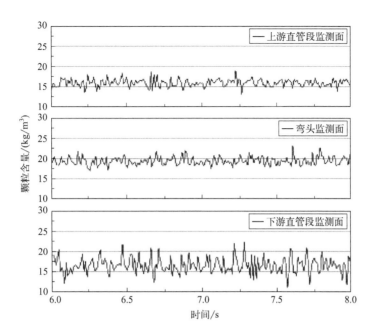

**图 5-24 管道不同位置处截面颗粒含量**

由于气相的存在，使得气液固多相流动条件下的冲蚀速率明显增加，冲蚀形貌也发生变化，变得更加平滑。而液固两相流冲蚀计算中，由于受到二次流影响，弯头冲蚀范围较大，且有向管顶发展趋势。

选择直径 49mm 的竖直弯管，其弯径比为 5，气相折算速度 3.5m/s，液相折算速度 4m/s，固体颗粒直径 150μm，固体颗粒密度 $7.8×10^3 kg/m^3$ 的计算工况。从计算结果中选取不同时刻竖直弯管内部颗粒瞬态分布与气液两相分布之间的关系，如图 5-25 所示。图 5-25（a）～（c）分别对应竖直弯管的入口直管段横截面、弯管角度 45°横截面和出口直管段横截面上的截面含液率以及固体颗粒质量含量随时间的变化率。与前述水平弯管的结果相比，竖直弯管中截面含液率与截面颗粒含量之间存在更为明显的对应关系，说明竖直弯管中绝大部分颗粒位于液相中。同时，可以发现，竖直弯管不同截面处的含液率以及不同截面处的颗粒含量规律与水平弯管中的相同，下游直管段中的变化幅度均大于上游直管段以及弯头处截面。

上述使用基于 VOF 和 DPM 模型的瞬态冲蚀计算得到的弯管冲蚀分布中，最终还计算了冲蚀速率，获得冲蚀速率的最大值为 $4.41×10^{-9} m/kg$，而相关实验冲蚀速率的最大值为 $4.6×10^{-9} m/kg$，结果表明此方法预测准确度较高。结果还显示气液两相在弯管的弯头处分布是不均匀的，在弯头 90°处顶部（即出口外侧）液相含量较多，导致此处拥有较大速度的固体颗粒在碰撞管壁之前先与靠

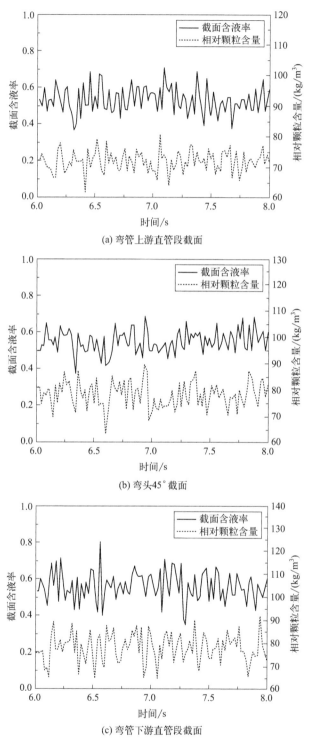

(a) 弯管上游直管段截面

(b) 弯头45°截面

(c) 弯管下游直管段截面

**图 5-25** 竖直弯管不同截面含液率与颗粒含量的关系

近管壁的液体相互作用，使得固体颗粒碰撞管壁速率减小，因此液体的存在对弯头出口外侧起到一定的保护作用。而在弯头小于 90° 角度处，存在部分位置气相含量较高区域，此处因没有液体对固体颗粒的黏滞作用，因而固体颗粒与弯管壁面碰撞时能量依然较大，导致冲蚀严重区域较大。这也是气液固三相流动弯管内的冲蚀磨损区域与气固或液固流动的冲蚀磨损区域分布不同的原因。

**（4）段塞流/乳沫状流下弯管内颗粒冲蚀研究**

在气液两相流动中，随气相流速增加，分散泡状流中气泡会发生合并，最终气泡直径接近管径，形成子弹状的泰勒气泡。泰勒气泡均匀向上运动，液相以气泡与管壁之间薄液膜的形式向上运动。这种流动称为段塞流，如图 5-26（a）所示，液体和气体的净流量都是向上的。当气相流速进一步增大时，泰勒气泡将发生破裂，形成乳沫状流。它是一种不稳定的流型，其中有液体的向上运动以及向下运动，是段塞流和环状流之间的一种过渡流型。由于乳沫状流动十分复杂，气液两相之间的分界和相互作用难以厘清，目前尚无合理的模型来简化该流型，国内外学者在进行乳沫状流分析时，往往将乳沫状流看作段塞流来处理，本节进行冲蚀分析时，也将乳沫状流按照段塞流模型进行简化。

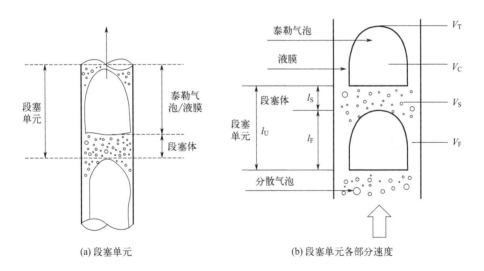

(a) 段塞单元　　　　　　　　　　　(b) 段塞单元各部分速度

**图 5-26　竖直管段塞单元示意图**

段塞流主要由泰勒气泡、泰勒气泡与管壁之间的液膜、段塞体三部分组成。段塞流是一种瞬态流动，泰勒气泡前面的平移速度 $V_T$，气体段中的泰勒气泡速度 $V_C$、段塞体速度 $V_S$，液膜速度 $V_F$ 等，各个速度皆不相同，如图 5-26（b）所示。以竖直管道为例，一般来说，从段塞体后部的最大速度依次递减到段塞体前面的最小速度，即 $V_T > V_C > V_S > V_F$。

对泡状流水平弯管相同的工况进行数值模拟，获得弯管内部不同截面处的含液率与固体颗粒含量关系，如图 5-27 所示，下游直管段截面处的截面含液率波动幅度明显大于上游截面及弯头截面处，波动范围在 0.2～0.6 之间。颗粒含量与截面含液率存在一定对应关系，含液率较高的时刻，截面的颗粒含量也相对较高，特别是在上游直管段截面以及弯头处截面，这种对应关系比较明显，由此可知，管道内部大部分固体颗粒存在于液相中。

Parsi 等人对段塞流/乳沫状流中颗粒与含液率进行研究也得到相同的结论。另外，并不是所有含液率出现峰值的时刻，颗粒含量也出现峰值，当某时刻经过截面的液体较多，同时含有的颗粒也较多时，二者才会同时达到峰值。

对于气液两相折算流速分别为 4.88m/s 和 0.86m/s 的管道，冲蚀速率为 $6.69 \times 10^{-9}$ m/kg。而实验值为 $3.07 \times 10^{-9}$ m/kg，预测值约为实验值的 2 倍，误差一是由于实验过程中的颗粒破损造成的，二是段塞流模型本身带来的。弯管冲蚀最严重位置出现在弯头出口处靠近管底位置。这主要是由于段塞流流动特性引起的，一方面，当液膜经过弯头处时，在角度较小截面处（0°和 15°），靠近弯管外拱的液膜较薄，靠近管底处液膜较厚，管底处颗粒含量较高，因此冲蚀主要集中在靠近管底处。随着角度增大，弯头外拱处液膜厚度逐渐增加，而由于离心力作用，外拱处的液体有离开管底沿管壁向管顶流动的趋势，最终使得整个管顶基本被液膜覆盖，液膜中的颗粒使得冲蚀有向上发展的趋势。另一方面，当段塞体经过弯头时，由于段塞体中气液混合较为均匀，类似分散泡状流下的颗粒冲蚀，使得冲蚀最严重位置出现在弯头出口处，但是段塞体是间歇性出现的，因此其作用并不像分散泡状流那么显著，综合以上作用，导致冲蚀范围较大，这也直观解释了段塞流冲蚀实验规律。

选择直径 26.5mm 的竖直弯管，其弯径比为 5，气相折算速度 14.6m/s，液相折算速度 1.5m/s，固体颗粒直径 $250\mu m$，固体颗粒密度 $7.8 \times 10^{3} kg/m^{3}$ 的工况，获得竖直弯管内的段塞流/乳沫状流下的颗粒冲蚀规律。管道内部不同截面处的含液率与固体颗粒含量的关系如图 5-28 所示，竖直弯管中颗粒含量与含液量关系与水平弯管中的类似。主要区别在于，竖直弯管中下游直管段截面中的颗粒含量及含液量波动幅度明显小于上游直管段截面及弯头处截面，这与水平弯管中颗粒含量及含液量的变化规律截然相反。竖直弯管中，重力作用使得在上升管段中（上游直管段）气液两相的运动状态比较复杂，液膜上升过程中，液体会沿着管壁回流，回流的液膜又被持续不断上升的波浪合并，造成含液量变化幅度较大，而进入下游直管段之后，气液运动较之前平缓。

采用瞬态冲蚀计算方法求得冲蚀速率为 $4.40 \times 10^{-7}$ m/kg，而实验得到冲蚀速率为 $4.20 \times 10^{-7}$ m/kg，预测结果误差较小。弯管冲蚀最严重位置在弯头 32°～36°范围内，冲蚀最严重区域较小。整个管壁冲蚀形貌随弯头轴向角度增大而逐渐变窄。一方面由于管内"液块"中携带的颗粒与管壁发生直接碰撞，导致碰撞

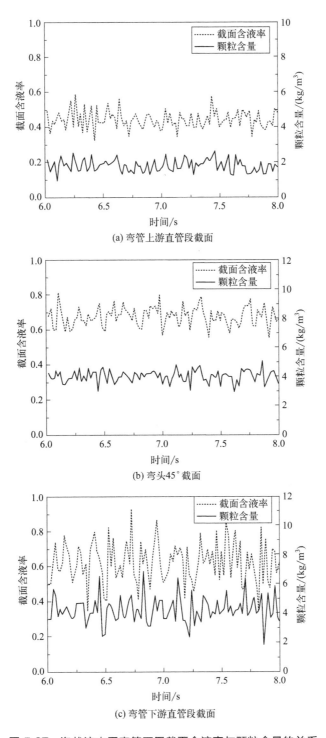

图 5-27　泡状流水平弯管不同截面含液率与颗粒含量的关系

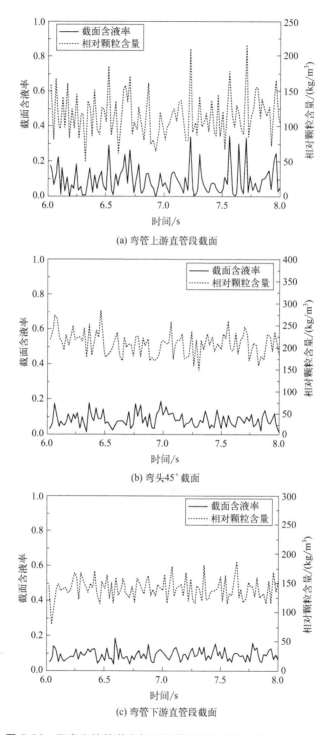

(a) 弯管上游直管段截面

(b) 弯头45°截面

(c) 弯管下游直管段截面

**图 5-28** 竖直弯管管道内部不同截面含液率与颗粒含量的关系

位置处冲蚀最严重，产生细长型冲蚀痕。另一方面"液块"碰撞管壁之后，由于弯管曲率较大，携带的颗粒以滑动碰撞形式与弯管作用，加之液膜中的颗粒也紧贴弯管壁面运动，发生滑动碰撞，导致外拱最外侧冲蚀范围较大。

## 5.2 含固介质的三通管流动与冲蚀磨损

三通管是管路系统中的重要组成部分，在工程中的应用较为广泛，在黑水系统中也多处使用。由于其几何形状及受载情况比较复杂，研究流体对三通管的冲蚀情况较少，但这具有重要的经济和现实意义。

关于三通的研究方法依然延续前述的数值模拟方法为主，对不同流动条件下的 T 形三通和异形三通展开冲蚀磨损的相关研究，得到一些规律性认识，更好地完善三通设计和损伤防护机制。目前的研究以气固两相流动为主要流动介质，其中颗粒对三通管道壁面的冲蚀磨损尤为突出，最终可能会使管线材料变薄甚至穿孔破坏，具有非常大的安全隐患。此前，已有许多国内外学者对此做了研究。孙岩等人基于颗粒斯托克斯数对三种输气管道进行冲蚀磨损数值模拟，研究发现，管道的冲蚀磨损速率一般会随着颗粒斯托克斯数的增加而增大，且弯管、三通和盲三通发生最大冲蚀磨损的区域和大小与颗粒粒径以及颗粒密度关系很小。李翔等人对某集输管线进行了研究，他发现在工况相同的条件下，直管段发生的冲蚀程度很小，远远小于弯管和三通等位置，而且可以根据流速大小和流向变化等因素分析冲蚀磨损速率的变化大小。卓柯等人研究了颗粒参数对气固两相流冲蚀磨损的影响，他们发现弯管的最大磨损量会随着颗粒数目的增加而增大，但是当颗粒数目达到一定数值时，最大磨损量不再随颗粒数目的变化而变化；另外，颗粒圆整度越低，固体颗粒对流体的跟随性越好，固体颗粒对弯管壁面的冲蚀磨损量也会相应降低。李金宝等人通过数值模拟方法研究了含砂气流对 90°弯管和盲三通的冲蚀效果，他们发现，90°弯管严重冲蚀磨损的区域主要分布在弯头外侧壁中心线附近；盲三通的严重冲蚀磨损区域主要分布在靠近盲段的竖直管段壁面和盲端圆壁上。随着流速、砂粒粒径和砂粒质量流量的增大，盲三通的最大冲蚀速率幅度比 90°弯管小，具有更好的抗冲蚀减磨能力。杨湘愚等人通过设计正交实验，研究发现，管径、入口流速、液体流向、颗粒直径和颗粒质量流量都会对 90°弯管冲刷腐蚀效果造成影响，而且影响程度由大到小依次为入口流速、管径、颗粒质量流量、液体流向和颗粒直径；他们还发现冲蚀速率最大的区域一般集中分布在弯管轴向角度 60°～90°之间，降低流速和增大管径都能较大幅度降低冲蚀磨损的速率。李超等人基于 Finnie 冲蚀磨损理论推导了固体颗粒对金属表面的磨损率表达式，分析了固体颗粒的粒径大小对材料冲蚀磨损情况的影响，他们发现材料的冲蚀磨损率与固体颗粒的冲击速度呈幂函数关系。他们的研究也为透平机械叶片冲蚀磨损分析提供了参考。张纪祥等人通过优化 Turner 磨损率经验公式，实现了低误差条件下预测中粗砂输送顺直钢制管的最大磨损率，有利于实现排泥管的最大经济价值。

Fraga 等人通过求解二维非定常方程，对铺设在海底管道的冲刷进行了数值仿真研究，得到并讨论了不同颗粒入射角度和几何模型对管道冲刷深度的影响。Kumar 等人利用 ANSYS 软件研究了含有硅砂颗粒的浆体输送而引起的弯管冲蚀磨损速率。他们通过对冲蚀模型计算得到了弯管的冲蚀磨损速率，所建立的 CFD 冲蚀模型也可用于预测颗粒直径大小对弯管冲蚀磨损率的影响。Wee 等人利用计算流体力学研究了固定直径的砂粒的冲蚀磨损行为，通过采用欧拉-拉格朗日方法进行 CFD 分析。他们发现侵蚀速率与砂粒直径大小呈幂指数关系，侵蚀效果高度依赖携带砂粒的流体所具有的性质。Farokhipour 等人通过采用 CFD 和 DEM 相结合的方法，在几何模型中模拟了不同流体速度、不同颗粒质量的颗粒流动，通过与现有实验数据进行对照，验证了所选反弹模型、侵蚀模型和湍流模型的可靠性。Wong 等人研究了管道表面一些常见的规则与不规则焊缝结构的侵蚀，将物理实验和计算流体力学模型很好地结合起来，为研究管道表面侵蚀破坏效应提供了全新的思路和方法。Sedrez 等人研究了标准弯头在液砂流和多相流的不同流型中的最大侵蚀速率、侵蚀模式和侵蚀位置，对采矿和许多油田以及包括深水海底管线在内的油气运输管道的防护具有重要意义。Rajahram 等人对半经验模型在预测侵蚀-腐蚀方面进行了评价。最后结果表明，模型与碳钢的侵蚀腐蚀速率具有良好的一致性。

这些研究进一步说明了前述的针对气固两相流利用计算流体力学（CFD）等模拟方法的研究方法是可靠的，并且由于实验研究工作会受到现实因素的制约，使得很多研究者选择这种经济、便利和可靠的研究方法。

### 5.2.1　T 形三通内气固流动特性及冲蚀磨损分析

T 形三通管道设置上端为气体和颗粒入口，右端为气体入口，左侧为气体和颗粒出口。三通管径 $D = 30\text{mm}$，三段管长均为 $L = 50\text{mm}$，几何模型如图 5-29 所示。

将 T 形三通几何模型导入 ICEM CFD 软件进行网格划分，

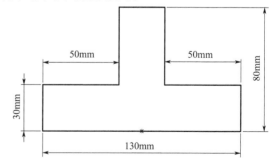

**图 5-29　T 形三通几何模型**

由于其整体结构便于分块，故采用 Block 分块网格划分方法对管道划分结构化网格。为了提高计算准确度，对管道口中心处进行网格加密处理，最终网格总数为 230406。

▢ **表 5-2　正交因素水平表**

| 试验编号 | 颗粒入射速度/（m/s） | 颗粒直径/μm | 气体中颗粒含量 |
|---|---|---|---|
| 1 | 3 | 50 | 3% |
| 2 | 3 | 100 | 5% |
| 3 | 3 | 150 | 7% |
| 4 | 3 | 200 | 9% |
| 5 | 6 | 50 | 5% |
| 6 | 6 | 100 | 3% |
| 7 | 6 | 150 | 9% |
| 8 | 6 | 200 | 7% |
| 9 | 9 | 50 | 7% |
| 10 | 9 | 100 | 9% |
| 11 | 9 | 150 | 3% |
| 12 | 9 | 200 | 5% |
| 13 | 12 | 50 | 9% |
| 14 | 12 | 100 | 7% |
| 15 | 12 | 150 | 5% |
| 16 | 12 | 200 | 3% |

选取固体颗粒入射速度、固体颗粒直径和固体颗粒浓度作为变量，进行表 5-2 所示的正交试验方法研究 T 形三通内的最大冲蚀速率及其影响因素。三通内流动的是气体和固体颗粒混合形成的气固两相流，气相为连续相。设置固体颗粒为离散相，为了简化计算，将固体颗粒形状简化为球形，密度为 $1500kg/m^3$。

**（1）流场和颗粒轨迹分析**

根据表 5-2 设计的实验，共设有 16 组计算模型，但考虑到同一模型的压力场和速度场分布规律有很多相似之处，故本节流场分析仅针对 1 号计算模型计算得到的压力和速度流场分布情况，如图 5-30 和图 5-31 所示。

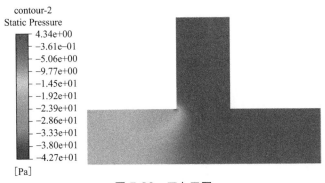

图 5-30　压力云图

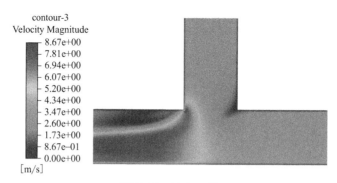

**图 5-31　速度云图**

　　介质在支管口和右端管口的入流速度相同，因此它们的压力和速度云图显示基本一致。在三通的交汇处，从上端口流入的掺杂有固体颗粒的流体与右端流入的纯净流体相遇，发生剧烈的湍流混合，流体量也突然增大，由于流体的流通面积没有变化，导致交汇处的流体速度也突然增大，相应的，流体压力就会减少。上端流入的流体冲击右端流入的流体，使之被迫向管底流动，导致在三通上端管拐角区域出现低压区，形成漩涡，而远离漩涡区域的下端管段内流体逐渐混合均匀，流速和压力恢复平稳。

　　颗粒粒径的变化会导致颗粒轨迹发生变化，针对颗粒粒径为 $50\mu m$、$100\mu m$、$150\mu m$ 和 $200\mu m$，速度为 $3m/s$ 时得到的颗粒轨迹图分析颗粒在 T 形三通道内的运动轨迹情况，如图 5-32 所示。

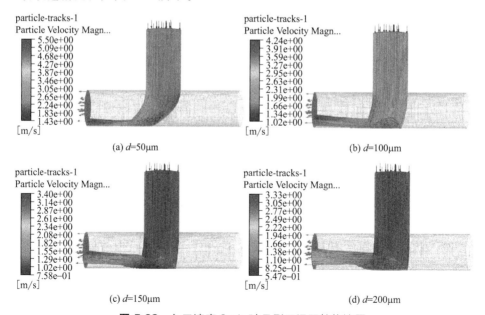

**图 5-32　入口速度 3m/s 时 T 形三通颗粒轨迹图**

颗粒粒径为 $50\mu m$ 时，由于颗粒粒径和颗粒含量均较小，对于质量均匀的颗粒来说，这也意味着单个颗粒的质量以及颗粒群的质量都较小，因此在受到右端来流气体冲击后，颗粒整体明显向左端流动，由于上端管端拐角区域的漩涡作用，导致整体颗粒沿着管道底端运动。对于另外三组计算来说，由于颗粒直径和颗粒含量都较粒径为 $50\mu m$ 时有明显增加，它们的颗粒质量更大，也对右端来流气体的冲击有更强的抵抗力量。另外，惯性也与质量相关，除第一组计算外的其他三组计算中，颗粒冲击到三通汇通处壁面后，较大的惯性带来了明显的反弹现象，且质量越大的颗粒反弹越明显，最后一组计算的颗粒反弹后几乎都直接从出口逃逸，而不再沿着管道底部运动。

（2）冲蚀分析

流体中掺杂的离散相颗粒从上端入口流入管道，在与右端来流气体混合后从出口流出，期间颗粒的频繁撞击，使得管道壁面出现了较为明显的冲蚀磨损破坏。由于本书所涉及的研究中，颗粒轨迹的主要影响因素是颗粒直径和颗粒浓度，这两个因素在前面已经分析，故冲蚀分析将从入口速度入手，同样速度的四个算例为一组，冲蚀云图如图 5-33 所示。

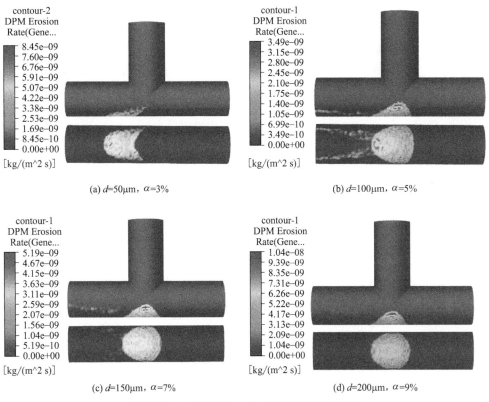

图 5-33 入射速度 $v$=3m/s 的三通冲蚀云图

当速度为 3m/s 时，T 形三通的冲蚀磨损区域比较圆整，这也是由垂直支管内流体入射角度所决定的，图 5-33（a）条件下的磨损区域不够圆整的原因是单个颗粒质量比较小，右端来流的冲击使得大多数颗粒被"冲走"。随着颗粒直径和颗粒浓度的增加，T 形三通的最大冲蚀磨损速率增大，但磨损区域集中性在减弱；随着颗粒浓度和直径的增加，颗粒质量也有所增加，碰到水平管管底壁面后的反弹作用也会更加剧烈，这会导致颗粒在管底壁面留下的"痕迹"不再那么明显。

当速度为 6m/s 时（图 5-34），随着颗粒直径和颗粒含量的增大，三通冲蚀磨损集中的位置和冲蚀磨损区域形状的变化与速度为 3m/s 时基本一致。随着颗粒直径和颗粒浓度的增加，T 形三通的最大冲蚀磨损速率增大，但磨损区域集中性在减弱，而且相较于 3m/s 时，这种减弱效果似乎更加明显；随着颗粒浓度和直径的增加，碰到水平管管底壁面后的反弹作用也会更加剧烈，这也与速度为 3m/s 时的情况类似。

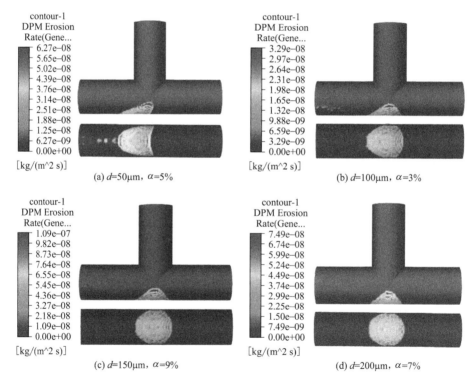

图 5-34　入射速度 v=6m/s 的三通冲蚀云图

当速度为 9m/s 时的冲蚀磨损图在这里略去，因为其与 6m/s 的规律相似，即随着颗粒直径和颗粒浓度的增加，T 形三通的最大冲蚀磨损速率增大，但磨损区域集中性在减弱。随着颗粒浓度和直径的增加，碰到水平管管底壁面后的反弹作用也会更加剧烈。

当流速为 12m/s 时（图 5-35），虽然整体来看三通冲蚀磨损区域仍旧比较圆整，但冲蚀磨损集中现象加剧，而且冲蚀磨损量也较之前三个速度有了明显增加，磨损区域中间的磨损集中呈现正方形。从图中可以看出，随着颗粒直径和颗粒浓度的增加，T 形三通的最大冲蚀磨损速率增大。

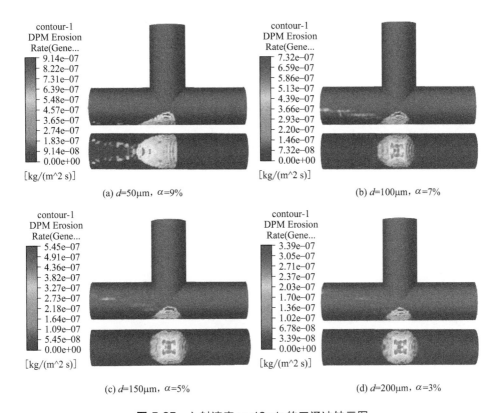

(a) $d$=50μm, $\alpha$=9%

(b) $d$=100μm, $\alpha$=7%

(c) $d$=150μm, $\alpha$=5%

(d) $d$=200μm, $\alpha$=3%

**图 5-35** 入射速度 $v$=12m/s 的三通冲蚀云图

由上述三通冲蚀云图可以观察到，冲蚀磨损区域主要集中在三通交汇处的管道底部且比较对称，这也和颗粒轨迹图所展现的颗粒运动规律达成了很好的一致性。在上述图片中还可以观察到，随着速度的提高，即使在其他条件也不相同时，冲蚀磨损区域和强度都有较为明显的增加，较为严重的冲蚀点也越发集中。对于较大流速情况，最大冲蚀磨损位置分布在三通汇通处的管道底部壁面；而对于较小流速情况，最大冲蚀位置会沿三通汇通处底部壁面向上移动，这也是右端来流冲击使颗粒竖直方向速度迅速减小的作用；对于颗粒粒径和颗粒含量比较小时，正如前面提到的颗粒轨迹图，颗粒冲击的位置一般会向出口端面方向移动，且冲蚀磨损率也由于速度的衰减变得没那么大。

对上述模拟结果进行进一步分析，先确定各条件下的最大冲蚀速率，如图 5-36 所示。随着速度的增加，T 形三通最大冲蚀速率随着颗粒直径和颗粒浓度的变化越来越明显，而且最大冲蚀速率数值呈现上升趋势。

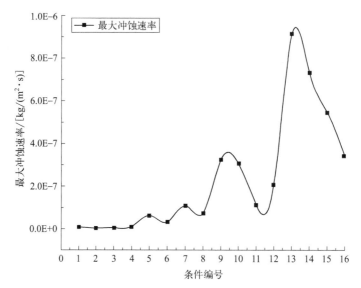

**图 5-36** T 形三通各条件下的最大冲蚀速率

再对最大冲蚀速率按照雷诺数（$Re$）、固体颗粒直径（$d$）和固体颗粒浓度（$\alpha$）进行指数拟合，可得图 5-37。

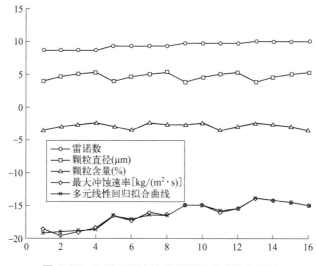

**图 5-37** T 形三通冲蚀磨损经验公式拟合结果

从图 5-37 可以看出，拟合曲线和原曲线之间具有良好的拟合度，拟合优度 $R^2 = 0.97974$，这也意味着最大冲蚀速率大小的 97.974% 可由此模型确定。$F$ 检验的数值为 193.437，远超 $F$ 检验的临界值。$p$ 值为 $2.01 \times 10^{-10}$，也远小于显著水平 0.05。误差方差的估计值 $S^2 = 0.0824$。结合上述相关拟合参数数值可知，该回归模型从整体上来说是可用的。最后，获得最大冲蚀磨损率的拟合经验公式为：

$$E_R = 9.569 \times 10^{-20} Re^{3.260} d^{-0.207} \alpha^{0.758} \tag{5-7}$$

由给出的预测模型可知，对于 T 形三通来说，颗粒冲蚀磨损的最大冲蚀速率受流速的影响要比颗粒直径和颗粒浓度更大。其他条件相同时，越小的颗粒直径和越大的颗粒浓度，会导致越高的最大冲蚀速率。

## 5.2.2　异形三通内气固流动特性及冲蚀磨损分析

异形三通是指主管道与支管不垂直的情况，这种三通在工业中经常出现，本节分析支管与主管夹角为 60°、45° 和 30° 的三种情况，其模型分别如图 5-38～图 5-40 所示。管道设置为，上端为气体和颗粒入口，右端为气体入口，左侧为气体和颗粒出口。三通管径 $D = 30\text{mm}$。为保证模拟更加准确，对划分的网格进行质量检查，检查结果满足计算要求。对网格进行无关性验证后，三种模型的网格数量分别为 380748、398572 和 401961 时可以符合计算要求。

**（1）异形三通内的流动特性**

① 60° 异形三通　针对流速 $v = 3\text{m/s}$、颗粒直径 $d = 50\mu\text{m}$ 和颗粒含量 3% 的工况，计算得到的压力和速度流场分布情况，如图 5-41 和图 5-42 所示。

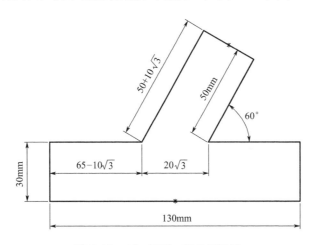

**图 5-38**　60° 异形三通几何模型

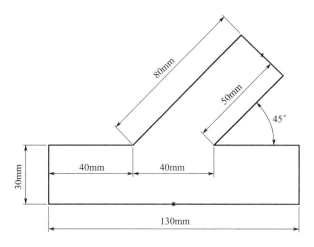

图 5-39　45°异形三通几何模型

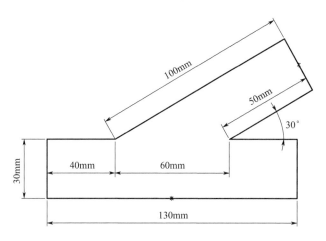

图 5-40　30°异形三通几何模型

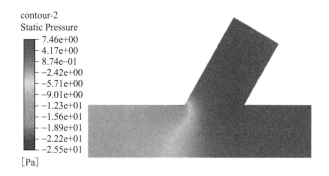

图 5-41　压力云图

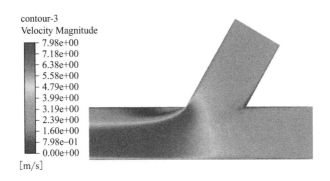

contour-3
Velocity Magnitude

| 7.98e+00
| 7.18e+00
| 6.38e+00
| 5.58e+00
| 4.79e+00
| 3.99e+00
| 3.19e+00
| 2.39e+00
| 1.60e+00
| 7.98e-01
| 0.00e+00

[m/s]

**图 5-42 速度云图**

上端入口和右端入口的流体速度相同时，可以看出，同 T 形三通一样，两支管段的压力和速度基本保持一致。在三通管的交汇处，相较于 T 形三通，60°异形三通从上端口流入的掺杂有固体颗粒的流体与右端流入的纯净流体相遇得要更早，导致交汇处的流体速度增大提前。上端流入的流体冲击右端流入的流体，使之被迫向管底流动，导致在三通管上端管拐角区域出现低压区，形成漩涡，而远离漩涡区域的下端管段内流体逐渐混合均匀，流速和压力恢复平稳。因 60°比 90°更为舒缓，也导致 60°异形三通形成的漩涡无论是区域面积还是强度都小于 T 形三通。

上述工况下，改变颗粒直径，分别从 50μm、100μm、150μm 和 200μm 变化时，颗粒在 60°异形三通管道内的运动轨迹情况如图 5-43 所示。图 5-43（a）中由于颗粒粒径和颗粒含量均较小，因此在受到右端来流气体冲击后，颗粒整体明显向左端流动，由于上端管端拐角区域的漩涡作用，导致整体颗粒沿着管道底端运动。对于另外三个轨迹图来说，由于颗粒直径和颗粒含量比图 5-43（a）有明显增加，它们的颗粒质量更大，也对右端来流气体的冲击有更强的抵抗力量。另外，惯性也与质量相关，颗粒冲击到三通管汇通处壁面后，较大的惯性带来了明显的反弹现象，且质量越大的颗粒反弹越明显。相较于 T 形三通，60°异形三通中的颗粒由于入射角度减小导致反弹作用减弱，从图中也可观察到，反弹颗粒的高度和数量都要更小。

② 45°异形三通　采用与 60°异形三通同样的工况条件进行计算得到的压力和速度流场分布情况，如图 5-44 和图 5-45 所示。

上端入口和右端入口的流体速度相同，计算结果显示，同 60°异形三通一样，两支管段的压力和速度基本保持一致。在三通管的交汇处，上端流入的流体冲击右端流入的流体，使之被迫向管底流动，导致在三通上端管拐角区域出现低压区，形成漩涡，而远离漩涡区域的下端管段内流体逐渐混合均匀，流速和压力恢复平稳。但相同来流条件下，45°异形三通形成的漩涡无论是区域面积还是强度都小于 60°异形三通。

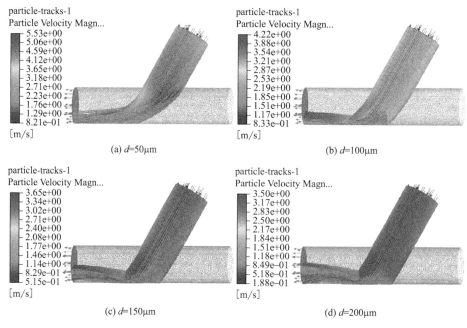

图 5-43 速度 3m/s 时不同固体颗粒直径的 60° 异形三通内的颗粒轨迹图

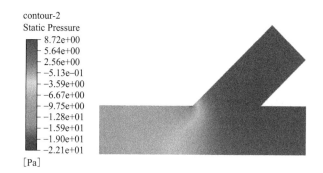

图 5-44 压力云图

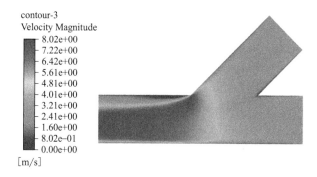

图 5-45 速度云图

煤气化黑水处理系统设备流动特性分析及应用

上述流动条件下，选用不同颗粒直径分别为 $50\mu m$、$100\mu m$、$150\mu m$ 和 $200\mu m$ 时，固体颗粒在 45°异形三通管道内的运动轨迹情况如图 5-46 所示。

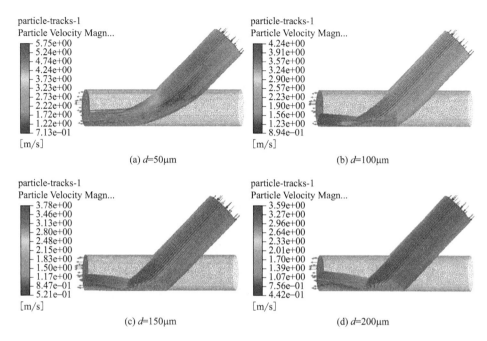

(a) $d$=50μm        (b) $d$=100μm

(c) $d$=150μm        (d) $d$=200μm

**图 5-46**　速度 3m/s 时不同固体颗粒直径的 45° 异形三通内的颗粒轨迹图

图 5-46（a）中由于颗粒粒径和颗粒含量均较小，对于质量均匀的颗粒来说，这也意味着单个颗粒的质量以及颗粒群的质量都较小，因此在受到右端来流气体冲击后，颗粒整体明显向左端流动，由于上端管端拐角区域的漩涡作用，导致整体颗粒沿着管道底端运动。对于另外三个颗粒轨迹图来说，由于颗粒直径和颗粒含量都比图 5-46（a）有明显增加，它们的颗粒质量更大，也对右端来流气体的冲击有更强的抵抗力量。另外，惯性也与质量相关，颗粒冲击到三通管汇通处壁面后，较大的惯性带来了明显的反弹现象，且质量越大的颗粒反弹越明显。相较于 60°异形三通，45°异形三通中的颗粒由于入射角度减小导致反弹作用减弱，从图中也可观察到，反弹颗粒的高度和数量都要更小。

③ 30°异形三通　针对流速 3m/s、颗粒直径 $50\mu m$ 和颗粒含量 3％时计算得到的压力和速度流场分布情况，如图 5-47 和图 5-48 所示。

上端入口和右端入口的流体速度相同，计算结果表明，其同 45°异形三通一样，两支管段的压力和速度基本保持一致。在三通管的交汇处，相较于 45°异形三通，30°异形三通从上端口流入的掺杂有固体颗粒的流体与右端流入的纯净流体相遇得要更早，导致交汇处的流体速度增大提前。上端流入的流体冲击右端流

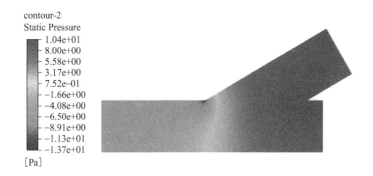

**图 5-47　压力云图**

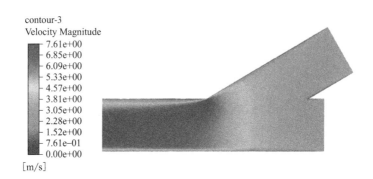

**图 5-48　速度云图**

入的流体，使之被迫向管底流动，导致在三通管上端管拐角区域出现低压区，形成漩涡，而远离漩涡区域的下端管段内流体逐渐混合均匀，流速和压力恢复平稳。因 30°比 45°更为平缓，也导致 30°异形三通形成的漩涡无论是区域面积还是强度都小于 45°异形三通。

　　上述流动条件下，选用不同颗粒直径分别为 $50\mu m$、$100\mu m$、$150\mu m$ 和 $200\mu m$ 时，固体颗粒在 30°异形三通管道内的运动轨迹情况如图 5-49 所示。图 5-49（a）中由于颗粒粒径和颗粒含量均较小，这也意味着单个颗粒的质量以及颗粒群的质量都较小，因此在受到右端来流气体冲击后，颗粒整体明显向左端流动，由于上端管端拐角区域的漩涡作用，导致整体颗粒沿着管道底端运动。对于另外三张颗粒轨迹图来说，由于颗粒直径和颗粒含量都比图 5-49（a）有明显增加，它们的颗粒质量更大，也对右端来流气体的冲击有更强的抵抗力量。另外，颗粒冲击到三通管汇通处壁面后，较大的惯性带来了明显的反弹现象。相较于 45°异形三通，30°异形三通中反弹颗粒的高度和数量都要更小。

　　（2）异形三通内的冲蚀分析

　　通过对三种不同角度的异形三通进行仿真计算，得到了每组计算后的冲蚀云图。图 5-50 中，$d$ 为颗粒直径，$\alpha$ 为气体中颗粒的含量，冲蚀云图由上到下依次

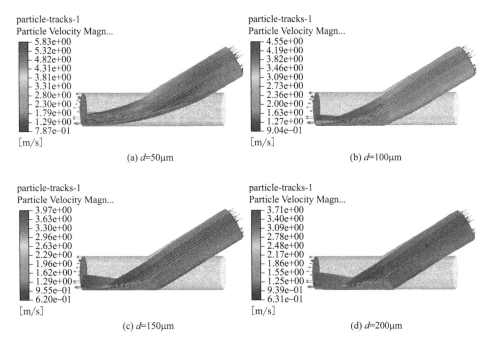

**图 5-49** 速度 3m/s 时不同固体颗粒直径的 30° 异形三通内的颗粒轨迹图

是 T 形（90°）三通、60°异形三通、45°异形三通和 30°异形三通在相应条件设置下的冲蚀磨损模拟图像。

随着颗粒直径和颗粒含量的增大，三通冲蚀磨损集中的位置逐渐靠近水平管中轴线，这是因为颗粒质量的不断增加会引起更多颗粒的沉降，右端口来流对颗粒的冲击作用就会显得更弱。除此之外，图中不同角度三通的冲蚀磨损情况也各有特点，T 形三通的冲蚀磨损区域比较圆整，其他角度的三通就比较偏向于"子弹状"，这是由支管流体进入主管的入射角度所决定的。关于冲蚀磨损强度的问题，T 形三通冲蚀磨损区域中的磨损情况较为良好，随着颗粒直径和颗粒浓度的增加，区域大小有下降趋势。60°三通冲蚀磨损区域比较分散，随着颗粒直径和颗粒浓度的增加，磨损区域集中性减弱，分散到了区域轮廓上。45°三通则与前两者相反，随着颗粒直径和颗粒浓度的增加，冲蚀磨损区域逐渐变得密集且磨损加剧。30°三通的颗粒从上端管输入下端管后，在管内运动时间较短，这也导致冲蚀磨损情况比几个三通要更弱。

当速度为 6m/s 时（如图 5-51 所示），随着颗粒直径和颗粒含量的增大，三通冲蚀磨损集中的位置和冲蚀磨损区域形状的变化与速度为 3m/s 时保持一致。关于冲蚀磨损强度的问题，从图中可以看出，相较于速度为 3m/s 时，T 形三通、60°三通和 30°三通冲蚀磨损区域的变化趋势并没有太大差别，只是冲蚀磨损强度要更高。而 45°三通冲蚀磨损区域相较于 3m/s 时更加分散，且主要分布在

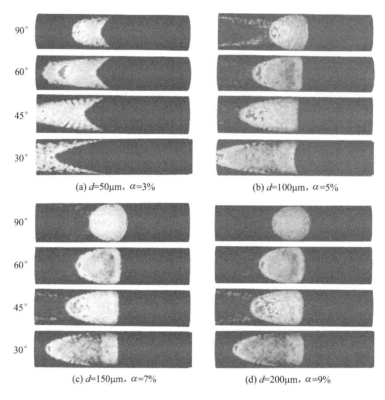

(a) $d$=50μm, $\alpha$=3%  (b) $d$=100μm, $\alpha$=5%

(c) $d$=150μm, $\alpha$=7%  (d) $d$=200μm, $\alpha$=9%

**图 5-50**　入射速度 $v$ = 3m/s 的各型三通冲蚀云图

区域轮廓上，随着颗粒直径和颗粒浓度的增加，磨损也有所增强。当速度增加到
9m/s 和 12m/s 时，三通管内的冲蚀磨损规律基本一致，冲蚀程度随着入口速度
增加而增加，因此不再给出冲蚀图像。总体而言，T 形三通的冲蚀磨损区域总是
比较圆整，但磨损区域中央的磨损比较异形三通而言增大很多且十分集中。而异
形三通则更偏向"子弹形"，不过它们的冲蚀磨损区域都比较对称，并随着支管
角度的减小，其冲蚀磨损区域更加狭长。颗粒直径和颗粒浓度的影响作用也值得
关注，随着颗粒粒径的增加，异形三通的冲蚀磨损区域形状向圆整靠拢；随着颗
粒浓度的增加，异形三通冲蚀磨损量也有增多。

　　针对不同角度异形三通的模拟计算得到的最大冲蚀速率可以绘制成图 5-52，
由图 5-52（a）可知，60°异形三通最大冲蚀速率随着流动速度、颗粒直径和颗粒
浓度的变化越来越明显，而且最大冲蚀速率数值随着流动速度、颗粒直径和颗粒
浓度的增加呈现上升趋势。同等条件下，相较于 T 形三通，大多数情况下 60°异
形三通会有更高的最大冲蚀速率。由图 5-52（b）和（c）可知，45°和 30°异形三
通的最大冲蚀速率具有相似的规律。同等条件下，随着支管角度的减小，其最大

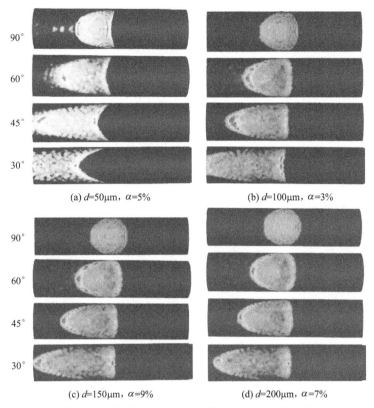

(a) $d$=50μm，$\alpha$=5%　　　　　　(b) $d$=100μm，$\alpha$=3%

(c) $d$=150μm，$\alpha$=9%　　　　　　(d) $d$=200μm，$\alpha$=7%

**图 5-51**　入射速度 $v$ = 6m/s 的各型三通冲蚀云图

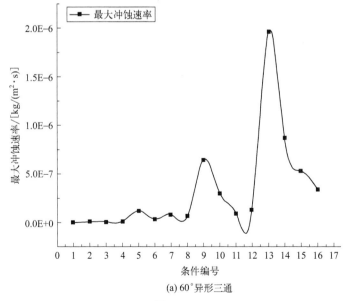

(a) 60°异形三通

**图 5-52**

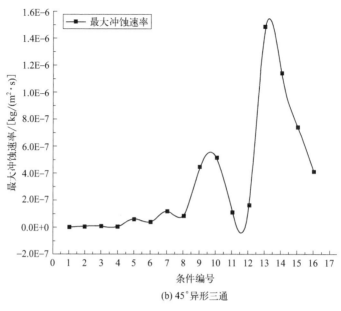

(b) 45°异形三通

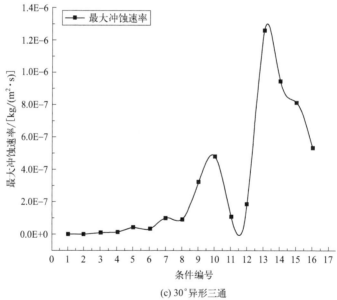

(c) 30°异形三通

**图 5-52　异形三通各条件下的最大冲蚀速率**

冲蚀速率也会减小。

　　对上述数据采用前述方法进行拟合，所得拟合优度 $R^2$ 都在 0.99 以上，意味着最大冲蚀速率大小的 99% 以上可由拟合模型确定。因此最终得到异形三通的最大冲蚀磨损速率预测公式。

① 60°异形三通：

$$E_R = 7.863 \times 10^{-19} Re^{3.343} d^{-0.647} \alpha^{1.015} \qquad (5\text{-}8)$$

由给出的预测模型公式可知，对于 60°异形三通来说，颗粒冲蚀磨损的最大冲蚀速率受流速的影响要比颗粒直径和颗粒浓度更大；其他条件相同时，越小的颗粒直径和越大的颗粒浓度，会导致越高的最大冲蚀速率。

② 45°异形三通：

$$E_R = 2.336 \times 10^{-20} Re^{3.540} d^{-0.303} \alpha^{0.978} \qquad (5\text{-}9)$$

由给出的预测模型公式可知，对于 45°异形三通来说，颗粒冲蚀磨损的最大冲蚀速率受流速的影响要比颗粒直径和颗粒浓度更大；其他条件相同时，越小的颗粒直径和越大的颗粒浓度，会导致越高的最大冲蚀速率。

③ 30°异形三通：

$$E_R = 3.625 \times 10^{-21} Re^{3.547} d^{0.251} \alpha^{1.282} \qquad (5\text{-}10)$$

由给出的预测模型公式可知，对于 30°异形三通来说，颗粒冲蚀磨损的最大冲蚀速率受流速的影响要比颗粒直径和颗粒浓度更大；其他条件相同时，越大的颗粒直径和颗粒浓度，会导致越高的最大冲蚀速率。

通过不同支管角度的三通的研究发现，异形三通的角度变化对冲蚀磨损作用有影响。这种影响首先表现为冲蚀磨损的位置，由于颗粒入射角度不同，导致颗粒到达管底壁面的位移和速度产生差异，冲蚀磨损位置随着三通角度的减小而向出口端面移动；其次是冲蚀磨损的大小，得益于角度的减小，相较于 T 形三通，各异形三通中的颗粒从入口第一次到达管底壁面时的反弹作用减弱，外加上端管段拐角处回旋区域的减小，异形三通的冲蚀磨损作用整体要比 T 形三通更弱一些。

第**6**章
# 黑水系统在线监测专家系统简介

## 6.1 在线监测专家系统概述

黑水系统在线监测系统是架构在煤化工企业生产大数据基础之上，通过对生产数据的抽取、清洗、转换形成有效的数据仓库，再利用数据挖掘、深度学习等方法并结合 Websocket、MVC、Bootstrap 等现代化的 WEB 技术，集流动腐蚀状态监测、模式识别、诊断预警、工艺防护、实时监管等智能防控的一体化系统。它可以为黑水系统的整体腐蚀磨损损伤提供有效监测，并给出防护建议和相关自动操作，减少黑水系统故障发生率，延长黑水系统的阀门管道使用寿命。

黑水系统在线监测系统流程示意图如图 6-1 所示。首先针对黑水系统的工艺流程，通过现场分析、实验和数值模拟相结合，建立黑水系统的实验数据库、失效案例数据库和模型数据库，其中模型数据库主要包括针对电化学腐蚀、冲蚀磨损、空化空蚀、露点腐蚀及其耦合作用等不同流动腐蚀机理流，确定不同机理条件下的流动腐蚀表征参数群，比如流动压力差及其波动、流量及其波动、温度及其波动、介质特性、阀门状态等参数。其次，对每一个参数进行状态监测，包括流动腐蚀状态的各种可直接测量的一次表征参数，更重要的是开展各表征参数之间的关联规则研究，确定以自主建模编程为基础的二次表征参数，也叫智能测试，建立智能 BI 系统。根据智能测试建模的需要，完善 DCS、LIMS 系统等关键基础数据的在线监测，扩充不同装置、不同区域、不同流动腐蚀机理表征参数群的实时智能监测数据模型库。并结合长期以来积累的实验测试获得的流动腐蚀特性试验数据库、实际失效案例分析获得的流动腐蚀特性数据库等，进行流动腐蚀状态的模式识别和诊断预警，依据流动腐蚀智能监控结果，实时调整针对流动腐蚀损伤的工艺防护策略，确保运行过程中的流动腐蚀关键状态参数处于设防值之下，及时将流动腐蚀失效消除在萌芽状态，避免流动腐蚀导致材料严重损伤的情况发生。再次对监测及诊断结果进行汇总、数据分析，形成专家知识库，及时预测可能出现的故障，进而推算装置的使用寿命。最后通过现代网络技术和通信技术，把监测结果反馈给指定终端。

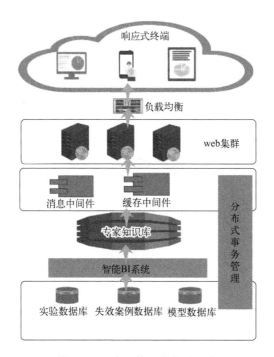

**图 6-1** 黑水系统在线监测系统

## 6.1.1 专家系统设计思路

在黑水调节阀介质闪蒸过程、冲蚀磨损、腐蚀损伤等研究及危害源分析的基础上，结合工艺过程的关联分析、流动腐蚀数据库建设，针对不同材料、操作工况及工艺过程，建立黑水调节阀系统的防控体系。通过对黑水调节阀系统流动腐蚀的实时状态监测，建立材料防腐、设备防腐、工艺防腐，流动腐蚀预测防控等一系列技术创新与闭环管理，实现煤化工装置长周期安全运行。

黑水角阀专家诊断监管系统的整体思路如图 6-2 所示。根据黑水角阀的阻塞、磨损、气蚀、电化学腐蚀、露点腐蚀等流动腐蚀失效机理，提出针对性的失效防控参数。通过实时信号采集、二次信号运算和软测量建模等技术手段，对上述参数进行运行状态监测。同时，结合实验、数值模拟和现场分析获得的数据库设定失效防控参数的运行范围，实现超标参数的预测报警，并给出防控措施，为现场工作人员提供优化操作依据，指导黑水角阀系统的安全稳定长周期运行。

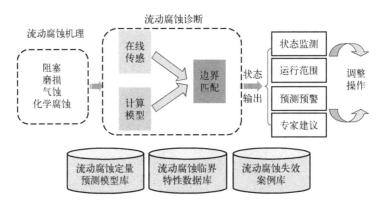

**图 6-2** 黑水角阀专家诊断监管系统的整体思路图

监测的流动腐蚀参数群如图 6-3 所示。系统拟根据流动腐蚀失效机理，结合装置的 DCS 控制系统、LIMS 化验分析系统以及自主研发的故障诊断模型，对高压黑水角阀内的压力、流量、温度、磨损率、磨损量等参数群进行集中监控，实时分析阀门的阻塞、磨损、气蚀和化学腐蚀状态。

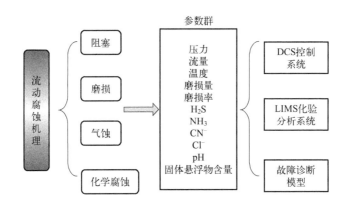

**图 6-3** 监测的流动腐蚀参数群

## 6.1.2 阀门状态监测指标和监管方案

高压黑水角阀内的状态监测参数、位置、来源如表 6-1 所示。

| 失效机理 | 监测参数 | 位置 | 来源 |
|---|---|---|---|
| 堵塞 | 压力、流量、开度、温度 | 阀门前来流管道 | DCS |
| 磨损 | 流量、开度、压力、温度 | 阀门前来流管道 | DCS |
|  | 壁厚 | 喇叭口下部、缓冲罐底部 | 传感器 |
| 化学腐蚀 | $H_2S$、$NH_3$、$CN^-$、$Cl^-$、pH、固体悬浮物含量 | 阀门前来流管道 | LIMS |

　　建立阀门开度-流量曲线，确定标准曲线及流量正常波动的上限和下限，以及超出限制范围的数值，如图6-4所示。其中，标准曲线通过阀门流量试验获得。流量正常波动的上、下限依据数值仿真预测结果和现场操作经验共同确定。当某个开度下的流量数值低于下限值时，认为发生堵塞；当流量数值高于上限值时，认为发生磨损。由此，可以通过流量的变化直接判断阀内的磨损和堵塞状态。

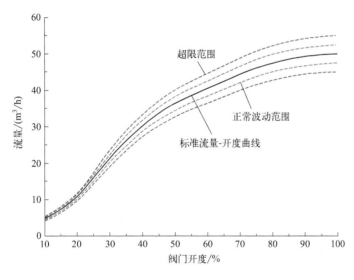

**图6-4　阀门流量-开度曲线**

　　图6-5为某固定开度下，高压黑水角阀的流量的历史监控数据示意图。通过黑水角阀专家诊断监管系统，可以对某一段时间内，固定开度下的流量值历史数据进行调用和监控。当发现流量值高于超限的上限值时，进行报警，提醒操作人员，此时高压黑水角阀具有较高的磨损风险。

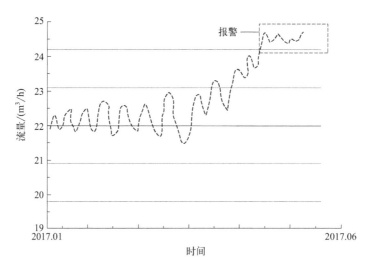

**图 6-5　某开度下对阀门流量的监控**

## 6.2　专家系统结构设计

### 6.2.1　运行环境要求及核心功能模块

流动腐蚀专家系统采用 B/S 结构开发。其中 Web 服务端是该平台的承载核心，负责数据库系统、流动腐蚀预测模型、浏览器等各模块的数据交互与信息传递；数据采集模块建立在设备运行过程的大数据基础之上，实现 DCS、LIMS 异构数据系统的信息筛选、采集、清洗、去噪形成有效的数据仓库。最终服务端与浏览器间结合 MVC、Bootstrap 等现代化的 WEB 技术，集前后端通信、流动腐蚀状态监测、模式识别、诊断预警、工艺防护、实时监管等功能为一体，形成专业的流动腐蚀智能防控系统。以腐蚀监控、监控诊断、预测预警、防护措施为核心服务为企业提供流动腐蚀领域的智能防控一体化平台，让企业对装置生命周期的状态了如指掌，使企业真正做到安全生产。

服务端运行环境如下：

操作系统：Windows2012R2 以上；

Web 服务器：IIS7 以上，支持 Websocket；

运行环境：.net framework 3.5 以上；

工艺软件：Aspen plus；

网络环境：能访问 LIMS 与 DCS 系统。

客户端须使用现代浏览器，如：Firefox、Chrome。

## 6.2.2 业务架构

一般石油化工和煤化工企业系统现状如图 6-6 所示。DCS 系统是一种分布控制系统，主要监测各点位的温度、压力、流量、液位等参数及设备的功率、转速等工况，提供整个流程的数据以及进行必要的控制。LIMS 系统是一种实验室信息管理系统，用于数据分析，实现自动化生产计划和流程控制。

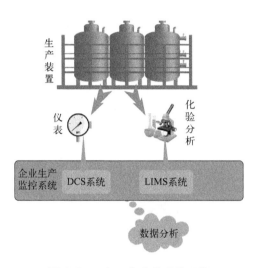

**图 6-6　一般石化企业系统现状**

上述系统对生产原数据只进行一般性的采集，未对装置运行状态进行实时有效的诊断分析，更没有从机理出发研究装置的腐蚀状态。设备流动腐蚀状态监测专家系统是在上述系统的基础上，从设备的流动腐蚀损伤机理出发，通过对采集的一次数据再加工，把控装置的全生命周期。其基本工作原理如图 6-7 所示。从机理分析入手，对采集的一次数据分析加工后，获得预测预警信息。然后基于相关流动腐蚀机理，提出工艺防护措施，

**图 6-7　装置的全生命周期维护**

对设备寿命进行预测，并随时反馈设备需要的检修信息。

该专家系统的具体工作流程如图 6-8 所示。数据信息接口接入生产中的 DCS 和 LIMS 数据。从生产数据采集到数据初步分析并与各类数据库对比，再经过模型筛选，过滤出有核心价值的数据，结合自身的实验数据进行比对，最终诊断装

置实时状态。随后发出预测预警信息，通知相关工位采取相应工艺防护，并记录实时日志，积累海量数据，为大数据分析提供数据支撑。

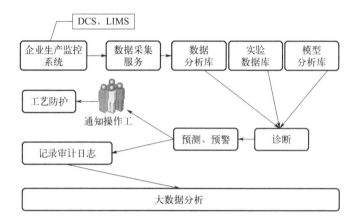

**图 6-8** 装置的数据采集、分析、预测预警和诊断过程

具体实现时，监测系统业务架构图如图 6-9 所示。通过软件工程的模块化结构设计，实现上述功能。

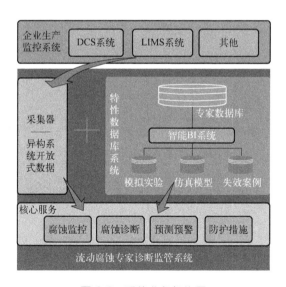

**图 6-9** 系统业务架构图

## 6.2.3 技术架构

某公司高压黑水调节阀系统的流动腐蚀专家诊断监管系统的技术架构如图 6-

10 所示。系统采用 C♯ 语言开发，采用经典的三层架构模式。采用开源 MySQL 数据库，在数据库设计上以产品化的理念规划了各功能模块的数据库表，为后续不同监控数据做到了高扩展性。模块设计上，分离了不同功能模块的职责，为后续产品代码重构或二次开发都提供了良好的设计方案。前端采用 Bootstrap 框架，实现了一套开发兼容多终端访问。

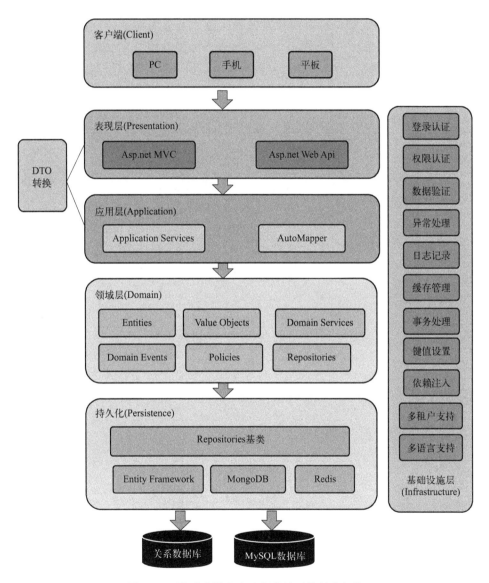

**图 6-10　流动腐蚀专家诊断监管系统技术架构**

## 6.3 神经网络模型及其训练方法

### 6.3.1 前馈神经网络

前馈神经网络为单向传播的神经网络模型，可分为输入层、隐含层和输出层，其常见的结构如图 6-11 所示。神经网络不同隐含层之间及输入输出层与隐含层之间用权值连接，节点用激活函数来扩展以提高神经网络非线性拟合能力。

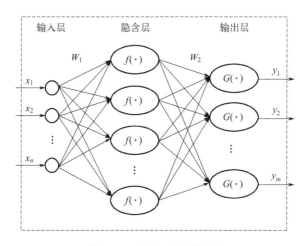

**图 6-11 神经网络结构图**

采用单隐含层的 BP 神经网络作为数据驱动模型预测流动腐蚀特性参数。其中隐含层激活函数采用 tansig 函数：

$$f(n) = \frac{2}{1+e^{-2n}} - 1 \tag{6-1}$$

模型的输入输出已经在前面描述，假设隐含层有 $h$ 个节点，输入输出描述为 $(X_i, Y_i)\big|_{i=1}^{D}$，其中输入为：

$$X_i = [CH_i, LGAS_i, CG_i, RD_i, STGAS_i, SNCL_i,$$
$$W_i, TIN_i, PIN_i, TOUT_i, POUT_i]^{\mathrm{T}} \tag{6-2}$$

输出为：

$$Y_i = [T_{C,i}, C_{A,i}, C_{W,t}, V_{\min,i}, V_{\max,i}] \tag{6-3}$$

则隐含层的输出为

$$H_{Net} = f(W_1 \cdot X - B_1) \tag{6-4}$$

神经网络的输出为

$$Y = G(W_2 \cdot Net - B_2) \tag{6-5}$$

隐含层的节点数对 BP 神经网络非线性拟合能力有一定影响。当隐含层节点的数量过少时，隐含层无法从输入的训练数据集中获取足够多的特征参量，导致神经网络训练收敛效率低、非线性拟合效果差，出现欠拟合现象；当隐含层节点数量过多时，会增加神经网络学习的复杂度，训练过程迭代缓慢，同时可能出现过拟合现象，训练误差很小而在验证或实际运用过程中的误差不理想。因此，在神经网络的训练过程中，对隐含层节点数的筛选也是一项影响预测效果的至关重要的工作。

目前尚未有一种理论方法来控制神经网络的规模，使得模型能以尽量小的规模来满足回归预测的精度要求。最常见的方法为依靠经验公式试验即采用经验公式计算出大致的节点数并按照一定的规模增减，不断训练验证直到出现满意的拟合效果为止。这种方法可靠性低、效率差，由于数据的特异性，甚至会出现较优规模与经验公式计算所得的数量相差数倍情况。

为优化隐含层节点数量筛选的过程，本书采用快速剪枝的方法。该方法通过提取初始化后神经网络隐含层输出的特征值，比较特征值贡献度后去除贡献度极低的隐含层节点再进行训练与验证。假设训练集输入矩阵为 $X$，输出矩阵为 $Y$，隐含层节点数为 $h$，具体实现过程如下：

① 初始化神经网络，其中隐含层与输入层之间的权值与阈值为 $W_1$、$B_1$，输出层与隐含层间的权值与阈值为 $W_2$、$B_2$。

② 输入训练集矩阵 $X$，计算隐含层的输出矩阵 $Net$，由于要对隐含层节点冗余进行检查，此处采用奇异值分解的方法，只提取其右奇异特征值与右奇异特征向量。

③ 对隐含层输出矩阵去平均值得到标准化的输出矩阵 $Net$。

④ 求解协方差矩阵 $R = Net^{\mathrm{T}} \cdot Net$，计算该矩阵的特征值与特征向量并将特征值按从大到小排序得到 $\lambda_1$，$\lambda_2$，$\cdots$，$\lambda_h$ 及其特征向量 $\xi_1$，$\xi_2$，$\cdots$，$\xi_h$。

⑤ 选取前面 $r$ 个特征值及其特征向量，使得其贡献度达到 $90\% \sim 95\%$，并将相应的特征向量组合成特征矩阵 $V = [v_1, v_2, \cdots, v_r]$。

⑥ 求解隐含层各节点在前 $r$ 个特征向量上的相关系数矩阵 $P = R \cdot V$，并在相关系数矩阵的每一列中选取绝对值最大值所在的行序为最大相关节点，在选取隐含层节点时，要求与前面已选取的节点无重复。

⑦ 如图 6-12 所示，将上一步选取的节点保留，剩余的节点剪切，组成新的网络结构进行训练至收敛。

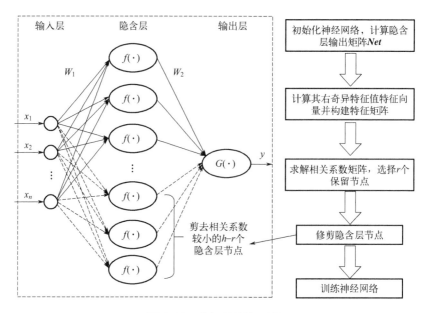

**图 6-12　剪切训练流程图**

### 6.3.2　皮尔逊相关系数和粒子群算法

皮尔逊相关系数（Pearson Correlation Coefficient，PCC），是衡量两个随机变量之间线性关系的强度和方向的统计指标。目前，PCC 已经被广泛应用于经济管理、化学工程、生物医药等涉及大量数据分析的领域。

对输入变量和输出变量的 PCC 进行计算，衡量输入、输出的相关性，其计算公式如下：

$$r = \frac{\sum\limits_{i-1}^{n}(X_i - \overline{X})(Y_i - \overline{Y})}{\sqrt{\sum\limits_{i-1}^{n}(X_i - \overline{X})^2}\sqrt{\sum\limits_{i-1}^{n}(Y_i - \overline{Y})^2}} \tag{6-6}$$

粒子群算法起源于对鸟群觅食行为的研究。在求解现实问题中，假设某一规模的粒子种群 SWARM 随机分布在搜索空间域的各个位置中，并且以一定的方向搜寻最优解。该粒子群有如下特性：粒子之间能及时地共享信息，即每次搜寻后种群内能分享整个种群搜寻过程中所出现的种群最优解；同时每一粒子都能记录自己在搜寻途中所出现的个体最优解。在下一轮的种群大搜索时，每一粒子都能根据自己搜索过程中所记录的最优解与整个种群搜索过程中的最优解来动态调整搜寻方向进行求解。

假设现在的 length，规模为 SWARM_SIZE 的粒子群，每个粒子所在的位置为 $X_i$，$i \leqslant$ SWARM_SIZE

$$X_i = (x_1, x_2, \cdots, x_{length}) \tag{6-7}$$

其飞行速度即求解的方向 $V_i$

$$V_i = (v_1, v_2, \cdots, v_{length}) \tag{6-8}$$

当前个体最优解与种群最优解分别为 $P_i$ 和 $G$

$$P_i = (p_1, p_2, \cdots, p_{length}) \tag{6-9}$$

$$G = (g_1, g_2, \cdots, g_{length}) \tag{6-10}$$

则在下一次的种群觅食求解的过程为

$$V_i = \omega V_i + c_1 r_1 (P_i - X_i) + c_2 r_2 (G - X_i) \tag{6-11}$$

$$X_i = X_i + V_i \tag{6-12}$$

其中，$c_1 r_1 (P_i - X_i)$ 为自身认知，表示粒子能够依据自身搜寻途中的历史经验来动作；$c_2 r_2 (G - X_i)$ 为群体认知，表示种群内的相互协作，粒子之间共享了求解经验，达成共同的最优解，并偏向该方向继续搜寻；$\omega V_i$ 为惯性项，表示粒子的动作方向受上一次飞行速度影响；$c_1$、$c_2$ 为个体学习因子与社会学习因子，通常默认为 2；$r_1$、$r_2$ 为一个 [0，1] 间的随机小规范数；$\omega$ 为惯性因子。

PSO 算法的寻优求解能力通常受到惯性因子影响，当惯性因子较大时，粒子群偏向依照初始化随机的运动方向搜寻，故全局寻优的能力较为突出；当惯性因子较小时，粒子群更加依赖于自己的寻优经验以及种群内的共享信息来进行寻优求解。且 PSO 算法具有较大的随机性，是一种带有概率性的全局最优求解的算法，因此寻优能力很大程度上也受种群规模的影响，粒子群长度越长，需要的种群规模就越大，算法迭代更缓慢。

为改善上述 PSO 算法的局限性，本书提出一种自适应的 PSO 算法（SP-SO）。该算法通过改进惯性项来提高 PSO 算法的全局寻优能力。基于 PSO 算法全局寻优能力和局部寻优能力，与惯性因子大小之间的关联，将惯性因子做如下改变，使得该系数随着粒子的适应度改变而改变。

$$\omega_i = \omega_{min} + \frac{(\omega_{max} - \omega_{min}) Rank_i}{SWARM\_SIZE} \tag{6-13}$$

种群中每个粒子按照适应度从高到低的顺序排列 $Rank_i$，适应度较高的粒子惯性系数小，进行局部寻优，适应度低的粒子惯性系数大，进行全局寻优。同时在惯性项中，添加自适应系数。

$$Sa_i = \frac{DF(X_i)}{DF(X_i - \Delta X_i) - DF(X_i)} \tag{6-14}$$

$$DF(X_i) = \frac{\partial F_i t}{\partial X_i} \cdot Error_i^T \tag{6-15}$$

该自适应系数可以通过差分算式预测粒子惯性动向的适应度值提前对飞行方向进行调节，使得每个粒子在全局寻优的过程中对就近搜索域的适应度解具有一定的预测性，同时具备全局寻优和局部寻优的能力。

种群中粒子的速度迭代方式可以定义为：

$$V_i = \omega_i Sa_i \cdot V_i + c_1 r_1 (P_i - X_i) + c_2 r_2 (G - X_i) \tag{6-16}$$

## 6.4 黑水系统流动腐蚀监测系统展示

### 6.4.1 系统构架与运行环境

流动腐蚀专家诊断监控系统采用 B/S 架构方式。自动采集石化生产企业中 DCS 与 LIMS 数据，再由模拟实验、仿真模型、失效案例共同提炼的专家数据库引擎进行智能分析匹配，以腐蚀监控、监控诊断、预测预警、防护措施为核心服务为企业提供流动腐蚀领域的智能防控一体化平台，让企业对装置生命周期的状态了如指掌，使企业真正做到安全生产。

系统运行环境如下：

操作系统：Windows2012R2 以上；

Web 服务器：IIS7 以上，支持 Websocket；

运行环境：.net framework 3.5 以上；

工艺软件：Aspen plus；

网络环境：能访问 LIMS 与 DCS 系统。

### 6.4.2 客户端及用户

目前系统采用基于 Web 的客户端设计，需要用户使用浏览器登录，建议使用现代浏览器如 Firefox、Chrome 等进行访问。未来将开发基于 App 和 Web 的多客户端设计，以方便随时查看相关信息。系统的登录方式如图 6-13 所示，主要包括：登录地址；管理员账号；管理员密码。

### 6.4.3 工作台界面

工作台界面是系统各装置的历史与今日运行状态汇总，让工艺人员对装置当前的运行状态有一个直观的了解。工作台界面如图 6-14 所示。工作台中显示该黑水系统的历史腐蚀状态汇总、今日腐蚀状态汇总、今日指标异常统计三大块内容。

图 6-13　系统登录界面

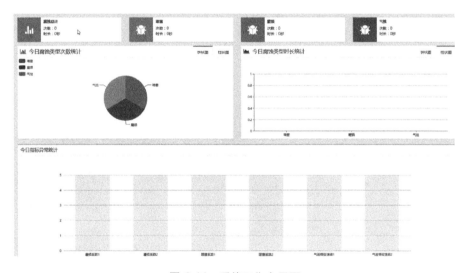

图 6-14　系统工作台界面

　　历史腐蚀状态汇总显示在工作台的界面最上方。历史腐蚀状态汇总包括腐蚀总计、堵塞、磨损和气蚀的总次数。其记录了本装置从开工运行监控系统以来的历史统计，为后续检修时分析提供数据基础，同时也为后续数据挖掘作好准备，更好地指导装置安全生产。

　　今日腐蚀状态汇总显示在工作台中历史腐蚀汇总的下方，主要用来记录装置当天的腐蚀状况（主要包括气蚀、堵塞和磨损）。左侧为当日发生的不同腐蚀类型的危险次数。右侧使用腐蚀类型时长统计给出不同流动腐蚀类型的占比，通过有效分析该装置腐蚀的主要与次要腐蚀机理，为后续该装置采取相应工艺防护措施提供参考和指导。

今日指标异常统计显示在工作台的下方，主要记录该装置当天运行过程中各监控指标发生的异常情况，根据各参数所占比例分析出腐蚀机理引发的最终诱因，对装置运行状态进行深入剖析，为后续工艺处理或制造选材提供强有力的数据支撑。

### 6.4.4 黑水流动腐蚀监控主界面

#### （1）黑水调节阀装置

系统提供黑水调节阀装置的单独统计显示监控。依次点击黑水阀装置、流动腐蚀监控进入该功能界面，如图 6-15 所示。左侧是诊断指标，右侧是工艺流程，顶部是功能按钮。

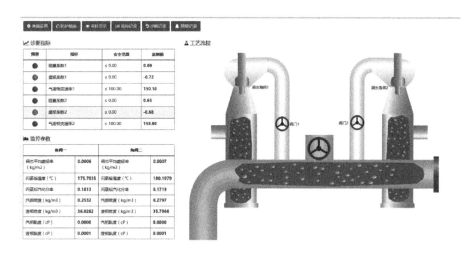

**图 6-15** 黑水调节阀装置界面

功能按钮共 6 个。

① 参数设置：该功能与"手输参数"功能相关联，以实际需要为原则，可以录入没有远传设置的就地仪表数据。

② 防护措施：主要用来给出系统内置的基本防护措施的提示，包括控制阀门开度和阀门进口压力，结合腐蚀类型和腐蚀指标判断现场应该采取哪一种防护措施。

③ 采样显示：对采样点的数据显示进行切换，包括显示阀门开度、进料压力和进料流量等参数。

④ 监控记录：跳转到单个指标的监控记录界面，方便对单个指标进行历史

记录查询。可以单独显示进料量、进料压力、进料温度、缓冲罐压力和阀门开度等监控指标的历史变化。

⑤ 诊断记录：以编号、时间节点、状态和描述相结合的形式显示出最新的10条诊断记录。

⑥ 预警记录：以时间节点、状态和描述相结合的形式显示出最新的10条预警记录。

**（2）流动腐蚀诊断**

系统还包括一个流动腐蚀诊断模块，包括日历诊断、列表诊断、同比诊断、环比诊断。方便用户从不同角度剖析装置腐蚀情况，对装置的历史腐蚀记录进行详尽的对比。

① 日历诊断：从日历角度记录每天各腐蚀类型的发生情况。所有流动腐蚀信息都显示在屏幕上的一个月历中，可以清晰地了解当月设备运行情况。

② 列表诊断：以列表形式显示系统运行信息。以实际工程需要为原则，从自定义日期查询的角度记录每天各腐蚀类型的发生情况及腐蚀发展的趋势，为系统检修维护提供数据支撑。

③ 同比诊断：对比不同年份下的相同月份流动腐蚀发生情况。

④ 环比诊断：对比相同年份或月份下每日的流动腐蚀发生情况。

**（3）监控记录**

监控记录里记录了从各大异构系统中采集的数据，通过编号和时间节点一一对应的方式详细记录并实时反映装置的基本运行状态。

**（4）诊断记录**

诊断记录是对每一次监控记录的诊断，每条诊断记录关联了监控记录编号，诊断关联的监控记录腐蚀状态，根据指标异常状态，分诊是否有腐蚀发生，若发生了腐蚀，则判断是哪种腐蚀。在给出诊断结果的同时也提供了相对应的防护措施，以便指导现场操作人员。这里可根据监控编号、诊断结果、日期进行筛选，找出目标记录。

明细界面详细记录了诊断的编号、监控的编号、腐蚀状态以及指标的即时状态，同时也给出了相应的防护措施。

**（5）预警记录**

预警记录保留了历史的预警记录，可根据预警发生的时间段、编号、处理状态、处理人员进行筛选。

点击明细进入预警明细信息，可查看当时的指标异常情况。

**（6）参数清单**

内置了当前装置运行过程中的参数。根据参数的显示状态可更改监控记录的显示列。

监控记录中的列数据可由参数清单中的"显示参数"来扩充。

（7）手输参数

当工艺流程中相关节点中没有远传仪表时提供数据输入支持。

点击"新增"按钮，可以添加需要手输的参数。添加的手输参数将会在"流动腐蚀监控"菜单页中进行输入与查看。

（8）指标管理

指标管理预置了要监控的指标项、每一个指标的阈值范围及指标的报警方式。

（9）腐蚀类型管理

腐蚀类型管理内置流动腐蚀常见的类型。各腐蚀类型与诊断指标进行了关联，以判断装置中是否出现相应的腐蚀。

（10）防护措施管理

防护措施管理根据不同的腐蚀类型与诊断指标内置了相应的防护措施，当然也可以不断扩充。

# 参考文献

[1] 高聚忠. 煤气化技术的应用与发展 [J]. 洁净煤技术，2013，19（01）：65-71.

[2] 唐宏青. Shell 煤气化工艺的评述和改进意见 [J]. 煤化工，2005，（06）：9-14.

[3] 陈凤官，王渭，明友，等. 煤化工装置用黑水角阀失效分析及改进技术进展 [J]. 流体机械，2020，48（01）：53-56＋88.

[4] 段永锋，赵小燕，李文盛，等. Q245R 碳钢和 15CrMo 钢在水煤浆气化黑水中腐蚀规律研究 [J]. 煤化工，2020，48（4）：4.

[5] 魏慧卿，李圣君. Shell 煤气化黑水处理系统的不足与改进 [J]. 化肥工业，2008，35（6）：2.

[6] 徐庆磊. 粉煤气化装置黑水闪蒸系统磨损原因分析及优化 [J]. 小氮肥，2021，049（008）：48-49.

[7] 康德恩. 黑水、灰水结垢问题的探讨和预防 [J]. 氮肥与合成气，2018，46（1）：3.

[8] 赵韵，文培娜. 煤气化黑水闪蒸系统超低压蒸汽资源化利用的探索与实践 [J]. 煤化工，2021（005）：049.

[9] 董刚，张九渊. 固体粒子冲蚀磨损研究进展 [J]. 材料科学与工程学报，2003，21（2）：6.

[10] 马颖，任峻，李元东，等. 冲蚀磨损研究的进展 [J]. 兰州理工大学学报，2005，31（1）：5.

[11] 周永欣. SiC 颗粒增强钢基表面复合材料的制备及冲蚀磨损性能研究 [D]. 西安：西安建筑科技大学，2007.

[12] 刘娟，许洪元，齐龙浩. 水力机械中冲蚀磨损规律及抗磨措施研究进展 [J]. 水力发电学报，2005，24（1）：5.

[13] 郑智剑，偶国富. 煤化工严苛工况阀门多相流冲蚀磨损-气蚀机理及预测方法研究 [J]. 机械工程学报，2019，55（8）：1.

[14] 王雪，夏晞冉，秦永光，等. 油气田设备多相流冲蚀磨损主控因素研究进展 [J]. 安全、健康和环境，2021.

[15] 高帅棋. 基于 CFD-DEM 的 SZorb 脱硫反应器冲蚀磨损特性及气固接触效率研究 [D]. 杭州：浙江理工大学.

[16] Hewitt G F. Three-phase gas－liquid－liquid flows in the steady and transient states [J]. Nuclear engineering and design，2005，235（10-12）：1303-1316.

[17] Kang Y T，Stout R，Christensen R N. The effects of inclination angle on flooding in a helically fluted tube with a twisted insert [J]. International journal of multiphase flow，1997，23（6）：1111-1129.

[18] 郑智剑. 煤化工严苛工况阀门多相流冲蚀磨损-气蚀机理及预测方法研究 [D]. 杭州：浙江理工大学，2017.

[19] Mazumder Q H，Shirazi S A，McLaury B. Experimental investigation of the location of maximum erosive wear damage in elbows [J]. Journal of Pressure Vessel Technology，2008，130（1）.

[20] Sarker N R，Breakey D E S，Islam M A，et al. Performance and hydrodynamics analysis of a Toroid Wear Tester to predict erosion in slurry pipelines [J]. Wear，2020，450：203068.

[21] 周昊，陈虎，刘雯，等. 油套管钢两相流冲刷腐蚀行为及协同效应研究 [J]. 常州大学学报（自然科学版），2020，32（06）：60-68.

[22] Naidu B S K. Developing silt consciousness in the minds of hydro power engineers [J]. Silting Problems in Hydro Power Plants，2020：1-34.

[23] 别恺念. 黑水调节阀耐磨材料冲蚀磨损特性及数值预测研究 [D]. 杭州：浙江理工大学，2018.

[24] Gale，William F，Terry C. Corrosion in Smithells metals reference book [M]. Oxford：Butterworth-Heinemann，2004，1-13.

[25] Nesic S，Gulino D A，Malka R. Erosion corrosion and synergistic effects in disturbed liquid particle flow [C]. CORROSION 2006.

[26] Stack M M，Abdulrahman G H. Mapping erosion‐corrosion of carbon steel in oil‐water solutions [J]. Wear，2012，274：401-413.

[27] Tang X，Xu L Y，Cheng Y F. Electrochemical corrosion behavior of X-65 steel in the simulated oil‐sand slurry. Ⅱ：Synergism of erosion and corrosion [J]. Corrosion science，2008，50（5）：1469-1474.

[28] 陈君，李全安，张清，等. AISI316 不锈钢腐蚀磨损交互作用的研究 [J]. 中国腐蚀与防护学报，2014，34（05）：433-438.

[29] 陈振宁，陈日辉，潘金杰，等. L921A 钢在 3.5％NaCl 溶液中的有机/无机复配缓蚀剂研究 [J]. 中国腐蚀与防护学报，2017，37（05）：473-478.

[30] 梁光川，聂畅，刘奇，等. 基于 FLUENT 的输油管道弯头冲蚀分析 [J]. 腐蚀与防护，2013，34（09）：822-824＋830.

[31] Watson S W，Madsen B W，et al. Methods of measuring wear-corrosion synergism [J]. Wear，1995，181-183（part-P2）：476-484.

[32] Co-alloy and Ti-alloy in Hanks′ solution [J]. Wear，2007，263（1-6）：492-500.

[33] Gil R A，Muñoz A I. Influence of the sliding velocity and the applied potential on the corrosion and wear behavior of HC CoCrMo biomedical alloy in simulated body fluids [J]. Journal of the mechanical behavior of biomedical materials，2011，4（8）：2090-2102.

[34] Jana B D，Stack M M. Modelling impact angle effects on erosion‐corrosion of pure metals：construction of materials performance maps [J]. Wear，2005，259（1-6）：243-255.

[35] 周昊，陈虎，刘雯，等. 油套管钢两相流冲刷腐蚀行为及协同效应研究 [J]. 常州大学学报（自然科学版），2020，32（06）：60-68.

[36] 刘莉桦，才政. 油气管道两相流体冲刷腐蚀研究现状及展望 [J]. 化工管理，2021（23）：139-140.

[37] 杜明俊，张振庭，张朝阳，等. 多相混输管道 90°弯管冲蚀破坏应力分析 [J]. 油气储运，2011，30（06）：427-430＋392.

[38] 陈铮. 不同结构弯管环烷酸腐蚀数值模拟研究 [D]. 北京：北京化工大学，2016.

[39] 白挥侠. 黑水角阀在煤气化工艺中的选型与应用 [J]. 仪器仪表用户，2023，30（01）：50-54.

[40] 宁哲，纪林朋，潘福生，等. 五环炉煤气化装置黑水处理系统问题分析 [J]. 化肥设计，2016，54（04）：55-57.

[41] 杨国政，马佳敏，陆遥，等. 煤气化装置闪蒸罐冲蚀过程的数值模拟 [J]. 化工机械，2021，48（06）：868-871＋895.

[42] 张欢园，王成，韩波浪. 煤气化装置黑水系统改进与优化 [J]. 化工管理，2017，（26）.

[43] 董刚. 材料冲蚀行为及机理研究 [D]. 杭州：浙江工业大学，2004.

[44] 钱东良. 番禺 35-2 海底输气管道冲蚀规律研究 [D]. 成都：西南石油大学，2015.

[45] Lin N，Lan H，Xu Y，et al. Effect of the gas-solid two-phase flow velocity on elbow erosion [J]. Journal of Natural Gas Science and Engineering，2015，26：581-586.

[46] 李强，唐晓，李焰. 冲刷腐蚀研究方法进展 [J]. 中国腐蚀与防护学报，2014 34（5）：399-409.

[47] Arabnejad H，Mansouri A，Shirazi S A，et al. Development of mechanistic erosion equation for solid particles [J]. Wear，2015，332：1044-1050.

[48] Arabnejad H，Mansouri A，Shirazi S A，et al. Evaluation of Solid Particle Erosion Equations and Mod-

els for Oil and Gas Industry Applications [C]. SPE Annual Technical Conference and Exhibition. Society of Petroleum Engineers, 2015.

[49] El-Behery S M, Hamed M H, Ibrahim K A, et al. CFD evaluation of solid particles erosion in curved ducts [J]. Journal of Fluids Engineering, 2010, 132 (7): 071303.

[50] Bourgoyne Jr A T. Experimental study of erosion in diverter systems due to sand production [C]. SPE/IADC Drilling Conference. Society of Petroleum Engineers, 1989.

[51] Zheng Y G, Yu H, Jiang S L, et al. Effect of the sea mud on erosion-corrosion behaviors of carbon steel and low alloy steel in 2.4% NaCl solution [J]. Wear, 2008, 264 (11): 1051-1058.

[52] 劳力云, 郑之初, 吴应湘, 等. 关于气液两相流流型及其判别的若干问题 [J]. 力学进展, 2002, 32 (2): 235-249.

[53] Barnea D. A unified model for predicting flow-pattern transitions for the whole range of pipe inclinations [J]. International Journal of Multiphase Flow, 1987, 13 (1): 1-12.

[54] Taitel Y, Dukler A E. A model for predicting flow regime transitions in horizontal and near horizontal gas-liquid flow [J]. AIChE Journal, 1976, 22 (1): 47-55.

[55] Zhang H Q, Wang Q, Sarica C, et al. Unified model for gas-liquid pipe flow via slug dynamicspart 1: model development [J]. Journal of energy resources technology, 2003, 125 (4): 266-273.

[56] 赵铎. 水平管内气液两相流流型数值模拟与实验研究 [D]. 青岛: 中国石油大学 (华东), 2007.

[57] 赵艳明, 潘良明, 张文志. 垂直上升矩形流道内气液两相流流型图的数值模拟 [J]. 核科学与工程, 2012, 32 (3): 254-259.

[58] 李书磊, 蔡伟华, 李凤臣. 水平管内气液两相流流型及换热特性数值模拟 [J]. 哈尔滨工业大学学报, 2014, 46 (8): 57-64.

[59] 石黄涛. 竖直圆管内气液两相混合过程的仿真分析 [D]. 北京: 北京交通大学, 2015.

[60] Zhu H, Han Q, Wang J, et al. Numerical investigation of the process and flow erosion of flushing oil tank with nitrogen [J]. Powder Technology, 2015, 275: 12-24.

[61] Parsi M, Agrawal M, SrinivasanY, et al. CFD simulation of sand particle erosion in gas-dominant multiphase flow [J]. Journal of Natural Gas Science and Engineering, 2015 27: 706-718.

[62] Liu M, Liu H, Zhang R. Numerical analyses of the solid particle erosion in elbows for annular flow [J]. Ocean Engineering, 2015, 105: 186-195.

[63] Oka Y I, Okamura K, Yoshida T. Practical estimation of erosion damage caused by solid particle impact: Part 1: Effects of impact parameters on a predictive equation [J]. Wear, 2005, 259 (1): 95-101.

[64] Oka Y I, Yoshida T. Practical estimation of erosion damage caused by solid particle impact Part 2: Mechanical properties of materials directly associated with erosion damage [J]. Wear, 2005, 259 (1): 102-109.

[65] 何鸿辉, 刘国青, 刘波涛. 垂直上升管内气液两相泡状流的存在条件 [J]. 航天器环境工程, Zoos, 22 (5): 24-28.

[66] Birchenough P M, Dawson S G B, Lockett T J, et al. Critical flow rates working party [R]. Report No. AEA-TSD-0348, AEA Technology, UK, 199s.

[67] Ansari A M, Sylvester N D, Shoham O, et al. A comprehensive mechanistic model for upward two-phase flow in wellbores [C]. SPE Annual Technical Conference and Exhibition. Society of Petroleum Engineers, 1990.

[68] Xiao J J, Shonham O, Brill J P. A comprehensive mechanistic model for two-phase flow in pipelines

[C]. SPE Annual Technical Conference and Exhibition. Society of Petroleum Engineers, 1990.

[69] Cook M, Behnia M. Slug length prediction in near horizontal gas-liquid intermittent flow [J]. Chemical Engineering Science, 2000, 55 (11): 2009-2018.

[70] Chen X, McLaury B S, Shirazi S A. A comprehensive procedure to estimate erosion in elbows for gas/liquid/sand multiphase flow [J]. Journal of Energy Resources Technology, 2006, 128 (1): 70-78.

[71] Salama M M. An alternative to API 14E erosional velocity limits for sand-laden fluids [J]. Journal of energy resources technology, 2000, 122 (2): 71-77.

[72] McLaury B S, Shirazi S A, Shadley J R, et al. How operating and environmental conditions affect erosion [J]. NACE International, Houston, TX (United States), 1999.

[73] Vieira R E, Parsi M, Tomes C F, et al. Experimental characterization of vertical gas-liquid pipe flow for annular and liquid loading conditions using dual wire-mesh sensor [J]. Experimental Thermal and Fluid Science, 2015, 64: 81-93.

[74] Ieira R E. Sand erosion model improvement for elbows in gas production, multiphase annular and low-liquid flow [D]. The University of Tulsa, 2014.

[75] 吴响曜. 加氢空冷器流动腐蚀风险评估及特征参数预测模型研究 [D]. 杭州：浙江理工大学, 2020.

[76] Madhiarasan M, Deepa S N. Comparative analysis on hidden neurons estimation in multi layer perceptron neural networks for wind speed forecasting [J]. Artificial Intelligence Review, 2017, 48: 449-471.

[77] 顾镛. 基于流动腐蚀的冷换设备参数设计及预测调控方法研究 [D]. 杭州：浙江理工大学, 2021.

[78] Pavanello D, Zaaiman W, Colli A, et al. Statistical functions and relevant correlation coefficients of clearness index [J]. Journal of Atmospheric and Solar-Terrestrial Physics, 2015, 130: 142-150.

[79] Zhou H, Deng Z, Xia Y, et al. A new sampling method in particle filter based on Pearson correlation coefficient [J]. Neurocomputing, 2016, 216: 208-215.

[80] Edelmann D, Móri T F, Székely G J. On relationships between the Pearson and the distance correlation coefficients [J]. Statistics & probability letters, 2021, 169: 108960.

[81] Panigrahi B K, Pandi V R, Das S. Adaptive particle swarm optimization approach for static and dynamic economic load dispatch [J]. Energy conversion and management, 2008, 49 (6): 1407-1415.